Generis
PUBLISHING

Conceptos de Física Cuántica

Patricio Robles Calderón

Title: **Conceptos de Física Cuántica**

ISBN: 979-8-89248-493-0

Author: Patricio Robles Calderón

Cover image: www.unsplash.com

Publisher: Generis Publishing
Online orders: www.generis-publishing.com
Contact email: info@generis-publishing.com

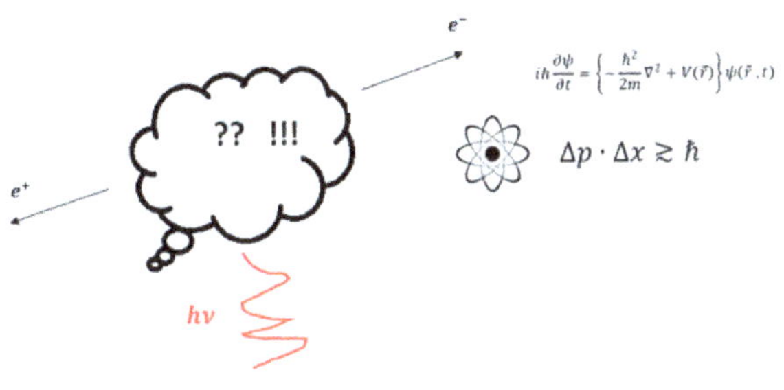

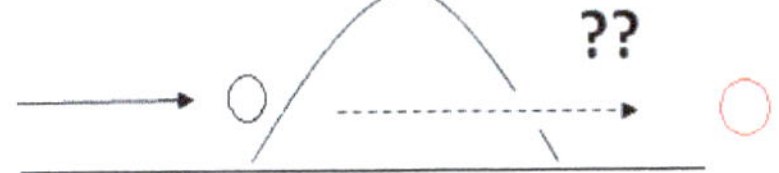

CONCEPTOS DE FÍSICA CUÁNTICA

Patricio Robles Calderón

Este libro está dedicado a mi esposa Carmen, mi hija Claudia y mis nietos Leonora y Bruno.

Expreso un agradecimiento póstumo a mis maestros Luciano Laroze Barrios y Viktor Slüsarenko Stachniw, quienes en vida fueron profesores del Departamento de Física de la Universidad Santa María y que durante mis primeros años de estudios universitarios me entregaron valiosas enseñanzas y motivaron mi amor por la Física. Así mismo manifiesto mi enorme agradecimiento a dicho Departamento, en el cual desarrollé mis estudios de postgrado.

Estos apuntes los he elaborado con el objetivo de contribuir a que estudiantes universitarios de pregrado aprendan los conceptos esenciales de la Física Cuántica y que se motiven por profundizar en estos temas.

Prefacio

El presente trabajo se ha escrito con las características de un apunte tipo universitario, de modo de aportar a los lectores un panorama general de las ideas básicas con que se desarrolló históricamente el marco teórico de la Física Cuántica, explorando brevemente los desarrollos más recientes que se han alcanzado, como por ejemplo el bosón de Higgs, la teleportación de estados cuánticos y los intentos para unificar esta teoría con la Relatividad General. Este apunte está dirigido a estudiantes universitarios de pregrado de carreras de ingeniería y de licenciatura en ciencias para los cuales después de haber cursado asignaturas de Física Mecánica y Electromagnetismo, su malla curricular incluye una asignatura de introducción a la Física Cuántica.

En primer lugar se presentan en forma resumida los conceptos fundamentales de la Física Cuántica, comenzando con los conceptos sobre el carácter corpuscular de la radiación electromagnética y el efecto fotoeléctrico que dieron origen al concepto de fotón. A continuación se presentan los conceptos sobre la dualidad onda-partícula analizando el modelo de onda de Broglie asociado a partículas atómicas, para continuar con el modelo del átomo y la configuración atómica. En la parte final de este apunte se incluyen nociones sobre Mecánica Estadística y Física Nuclear, culminando con una exploración conceptual en temas como el modelo estándar de la Física de Partículas y el bosón de Higgs, la teleportación de estados cuánticos y las teorías más recientes que se han formulado para unificar la Teoría Cuántica con la Teoría de la Relatividad General.

El autor tras una larga carrera profesional y académica, se encuentra en su etapa de jubilación y ha elaborado estos apuntes teniendo presente la experiencia que adquirió durante los años en que ejerció la docencia universitaria en estos temas. Se entrega un resumen de los aspectos conceptuales más relevantes y se presentan varios ejemplos, de modo que estos apuntes sirvan como referencia a alumnos de pregrado en carreras de ingeniería o de licenciatura en Física.

Contenido

Introducción

A comienzos del siglo XX los físicos de esa época se encontraban con el problema que las observaciones de experimentos efectuados con partículas con dimensiones atómicas, no podían ser explicadas mediante las leyes de la física establecidas hasta entonces, como es el caso de la Mecánica Clásica de Newton y la Teoría Electromagnética de Maxwell. Como ejemplos, podemos señalar los siguientes casos, entre varios otros:

- Caso 1: El espectro de radiación térmica (conocido como "radiación de cuerpo negro"), que se visualiza como la luz rojiza que emite un fierro caliente. No era posible explicar clásicamente la forma de este espectro en base a las leyes de la termodinámica y usando un modelo clásico de la radiación electromagnética.
- Caso 2: El efecto fotoeléctrico (emisión de electrones cuando incide luz sobre un metal). Se observaba que independiente de la intensidad de la luz incidente, no se producía emisión de electrones si la frecuencia era inferior a un valor mínimo dependiente de las características del metal expuesto a la radiación.
- Caso 3: El espectro de emisión de cualquier gas (por ejemplo, una ampolleta de Sodio), que en vez de presentar una distribución suave y continua de intensidad, muestra puntas o valles para valores bien definidos de longitudes de onda.
- Caso 4: Cuando un haz de rayos X se hacía pasar a través de un cristal se observaba un patrón de interferencia, lo cual se explicaba mediante la ley de Bragg si esta radiación se representaba como ondas electromagnéticas [1]. En 1927 los físicos norteamericanos Davisson y Germer realizaron un experimento similar pero haciendo incidir sobre el cristal, en vez de un haz de rayos X, un haz de electrones emitidos por un filamento caliente y acelerados mediante un campo eléctrico. Se observaron también picos distribuidos de intensidad en función del voltaje de aceleración [2].

La incompatibilidad entre teoría y experimento que se presentaba en casos como los señalados precedentemente, originó diversos análisis teóricos y discusiones entre los físicos de esos años, todo lo cual permitió establecer los fundamentos de la Física Cuántica que hasta hoy parece ser la formulación más adecuada para comprender los diversos fenómenos físicos que ocurren a una escala de dimensiones inferiores a las microscópicas.

El objetivo de estos apuntes es entregar al alumno un análisis resumido de los principales conceptos de la Física Cuántica, al nivel de un primer curso de Física Cuántica y en la forma que tradicionalmente se enseña este tema en carreras de pregrado de licenciatura en ciencias. Mayores detalles se pueden encontrar en diversos textos tradicionales tales como los correspondientes a las referencias [3-4]. En las secciones finales de estos apuntes se incorporan algunos temas que generalmente no son cubiertos en un curso introductorio, tales como Entrelazamiento y Teleportación Cuántica, así como una visión muy general sobre las teorías más modernas que intentan unificar la Relatividad General con la Mecánica Cuántica. Se entregan varias referencias para que los alumnos interesados puedan profundizar conceptos.

Estos apuntes asumen que previamente el alumno ha cursado una asignatura a nivel universitario de Teoría Electromagnética y Ondas Electromagnéticas y que tiene nociones muy básicas sobre la Teoría de la Relatividad Especial, al menos de la relación entre masa y energía $E = mc^2$.

Max Planck- El Carácter Corpuscular de la Radiación

Para explicar la forma del espectro de radiación de cuerpo negro (radiación en equilibrio térmico con la materia a una determinada temperatura), el físico alemán Max Planck propuso que esta radiación debía interactuar con la materia intercambiando sólo unidades discretas de energía, o **cuantos**, donde el tamaño del cuanto debería ser proporcional a la frecuencia de la radiación ν lo que expresó en la forma:

$$E = h\nu \tag{1}$$

en que h es la constante de Planck cuyo valor es $6,6261 \cdot 10^{-34}$ Joule·seg y ν es la frecuencia en seg^{-1}.

Dado que el valor numérico de la constante de Planck es bastante pequeño, el carácter cuantizado de la radiación electromagnética es inobservable en la mayoría de los fenómenos físicos que nos son familiares.

Como un ejemplo que permite ilustrar el orden de magnitud de la cantidad de fotones en la luz que percibimos, estimemos el número mínimo de "cuantos" de luz que reciben nuestro ojos desde una ampolleta de 100 Watt ubicada a un metro de distancia respecto a nosotros. Para ello, se debe considerar que la radiación electromagnética detectada por el ojo humano como luz visible tiene una longitud de onda entre 380 nm y 760 nm.

La energía de cada fotón expresada en función de la longitud de onda λ, la constante de Planck y la velocidad de la luz, es

$$E_{\text{fotón}} = \frac{hc}{\lambda}$$

El valor mínimo de esta energía en el rango de luz visible corresponde a una longitud de onda de 760 nm con lo que resulta un valor de energía:

$$E_{\text{fotón}} = \frac{hc}{\lambda_{max}} = \frac{6,63 \cdot 10^{-34}\ [J \cdot s] \cdot 3 \cdot 10^{8}\ [\frac{m}{s}]}{760 \cdot 10^{-9}\ [m]} = 2,61 \cdot 10^{-19}\ [J] \quad \text{por cada fotón emitido.}$$

Si asumimos que esta luz es emitida en todas las direcciones, podemos imaginar que para grandes distancias la ampolleta se comporta como una fuente puntal de luz rodeada por una esfera de radio 1 m correspondiente a su distancia respecto a una persona. Por lo tanto la energía recibida en una superficie esférica de radio 1m por unidad de tiempo, o intensidad, se expresa como:

$$I = \frac{100}{4\pi \cdot 1^2} = 7{,}96 \; [\frac{J}{seg \cdot mt^2}]$$

Esta intensidad es a su vez igual a:

$$I = \left(\frac{número\ de\ fotones}{seg \cdot mt^2}\right) \cdot E_{fotón} = \left(\frac{número\ de\ fotones}{seg \cdot mt^2}\right) \cdot 2{,}61 \cdot 10^{-15}$$

De esta igualdad se deduce que el número de fotones que llegan al ojo de una persona es del orden de 10^{19} fotones/ seg $\cdot mt^2$ que es un número enorme como para que el ojo humano detecte esta discretización de la energía.

Albert Einstein- Explicación del Efecto Fotoeléctrico

Uno de los hitos relevantes para el nacimiento de la Física Cuántica lo constituyó la teoría del efecto Fotoeléctrico postulada en 1905 por Albert Einstein [5]. Como es sabido en los metales hay electrones que se mueven más o menos libremente a través de la red cristalina (arreglo periódico de átomos). A temperaturas normales estos electrones no pueden escapar del metal porque no tienen energía suficiente para superar la energía Coulombiana de ligazón con los átomos de los que está constituido la superficie del metal.

Dentro de las formas posibles para aumentar la energía de estos electrones, cabe señalar el calentamiento del metal produciendo liberación de electrones, a los que en este caso se les conoce como *"Termoelectrones"*. Otra forma es por absorción de radiación electromagnética lo cual constituye el efecto fotoeléctrico.

Los experimentos efectuados a fines del siglo XIX y comienzos del siglo XX mostraban que sólo se emitían electrones si la frecuencia de la radiación electromagnética incidente sobre el metal superaba un cierto valor propio de cada material. Si esto no se cumplía, aunque se aumentara la intensidad de la radiación incidente no se detectaba emisión de fotoelectrones, lo cual no podía ser explicado en base al modelo de onda electromagnética que era el único que existía en esa época para la representación de la luz.

El arreglo experimental típico para observar el Efecto Fotoeléctrico es el mostrado en la Fig.1. La placa A es irradiada por luz de una determinada frecuencia. Si esta frecuencia supera un valor umbral propio del material del cual está hecha la placa, se liberan electrones de los átomos de ésta, con lo cual estos fotoelectrones adquieren energía cinética, la que si supera el trabajo de frenado efectuado al aplicar una diferencia de potencial V_o con respecto al cátodo C con la polaridad mostrada en la

Fig.1, permite que estos electrones lleguen a dicho cátodo, en el cual son recolectados y se hacen retornar a la placa A a través del circuito mostrado. El galvanómetro detecta el flujo de corriente electrónica resultante y se obtiene una curva típica de corriente versus frecuencia de la forma cualitativa que se muestra en la Figura 2, en que se observa corriente cuando la frecuencia de la luz incidente supera un valor mínimo o *frecuencia de corte*. Esta corriente aumenta a medida que esta frecuencia aumenta por sobre este valor, pero una vez que la frecuencia de la luz alcanza un valor que proporciona suficiente energía para liberar todos los electrones disponibles en el material, la corriente fotoeléctrica ya no aumenta y alcanza un valor constante. Esto se debe a que todos los electrones que pueden ser liberados han sido extraídos del material, y no hay más electrones disponibles para contribuir a la corriente

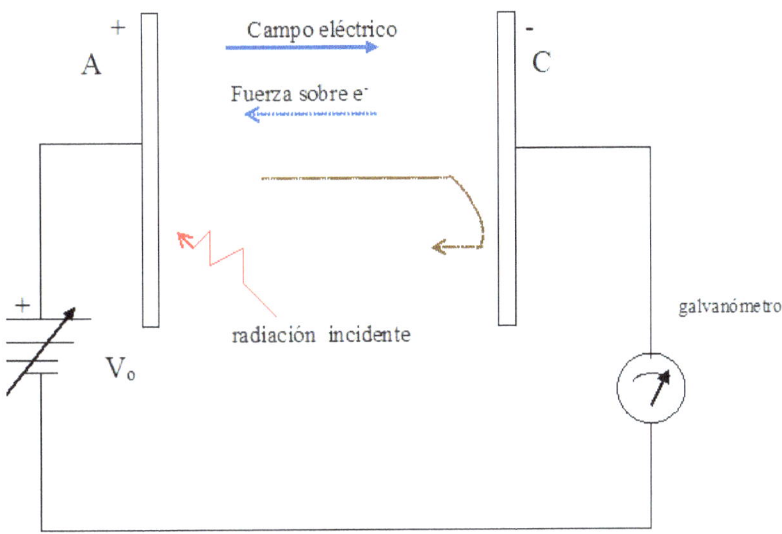

Fig.1 Arreglo experimental típico para observar el efecto Fotoeléctrico

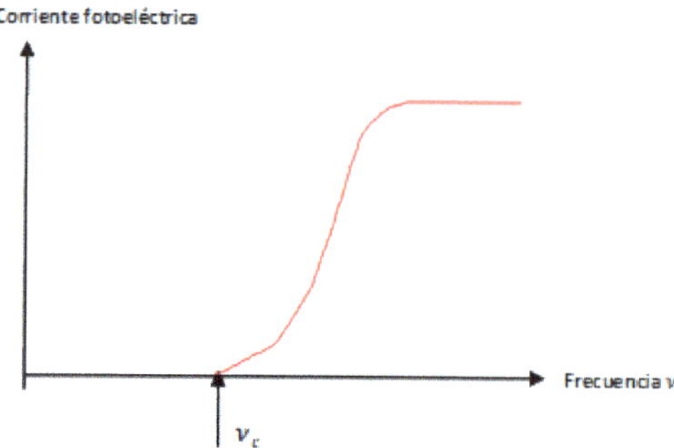

Fig.2 Corriente medida en función de la frecuencia de la radiación incidente sobre la placa C.

Este tipo de experimentos muestran lo siguiente:

- La velocidad adquirida por los fotoelectrones depende de la frecuencia de la luz incidente y no de su intensidad
- Hay una frecuencia umbral por debajo de la cual no se emiten fotoelectrones, cualquiera sea la intensidad de la luz incidente
- La emisión ocurre casi instantáneamente con la iluminación
- Por cada fotón con frecuencia superior al valor umbral ν_c se libera un electrón, con correspondencia uno a uno.

La energía cinética máxima K_{max} de cada fotoelectrón se obtiene como diferencia entre la energía del fotón incidente y la energía mínima que requiere un electrón para ser liberado, que es igual a $e\phi_o$, en que e es la carga del electrón y ϕ_o un potencial que representa la energía que se debe suministrar a cada electrón para liberarse de un átomo de la placa A. Esto se expresa mediante la siguiente ecuación de Einstein para el Efecto Fotoeléctrico

$$K_{max} = h\nu - e\phi_o \tag{2}$$

Cabe señalar que la ecuación (2) indica la máxima energía cinética que puede adquirir cada electrón emitido por efecto fotoeléctrico y no un valor definido de energía cinética. Esto se explica porque dicha energía depende del orbital del correspondiente átomo desde el cual es liberado el electrón. Cuanto más lejos esté el electrón del núcleo, en términos de niveles y orbitales, es más probable que sea liberado con una energía cinética más alta en el efecto fotoeléctrico.

De esta ecuación se deduce que la frecuencia mínima a partir de la cual se detecta efecto fotoeléctrico está dada por $\nu_c = e\phi_o/h$. A esta frecuencia se le denomina *frecuencia de corte*.

Para cada valor de frecuencia se mide un valor de la tensión de retención $V_o = V_{frenado}$ para el cual la corriente a través del circuito es nula, lo que significa que ni aún los electrones liberados con la máxima energía cinética llegan a la placa C. Esto implica que en esa condición $V_{frenado} = e\phi_o$.

Variando la frecuencia ν se obtiene una relación casi lineal entre el potencial de frenado $V_{frenado}$ versus ν como se muestra en la figura 3.

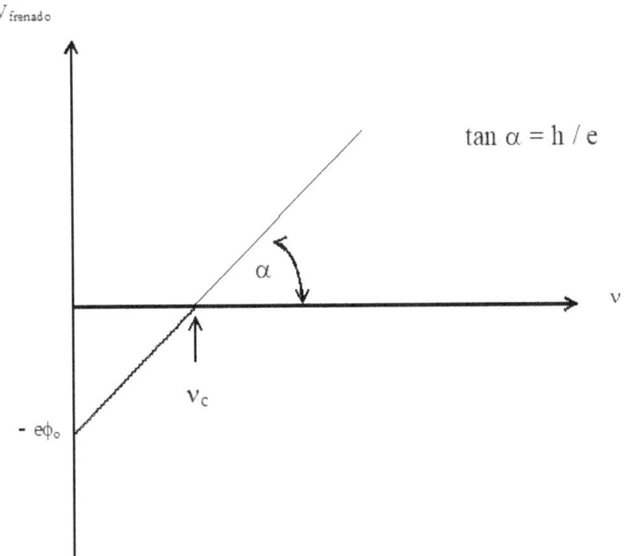

Figura 3. Relación entre el potencial de frenado y la frecuencia de la radiación incidente

La pendiente de la recta es h/e , en que h es la constante de Plank y e es la carga del electrón. Se observa que para una frecuencia igual a ν_c la tensión de frenado es cero, lo cual es compatible con el hecho que de acuerdo a la ec. (2), para ese valor de frecuencia toda la energía del fotón incidente se usa para liberar al electrón que en ese caso adquiere una energía cinética nula. Además se observa que esta recta intersecta con el eje vertical para un valor cero de la frecuencia y un valor $-e\phi_o$ para la tensión de frenado. El signo negativo significa que en ese caso la emisión de fotones desde la placa no se logra por la incidencia de luz sobre ella, sino que por efecto de campo eléctrico invirtiendo la polaridad de la tensión con respecto a lo indicado en la figura 1.

Veamos un par de ejemplos para ilustrar numéricamente el efecto fotoeléctrico.

Ejemplo 1 La función de trabajo del Sodio es de 2,3 [eV] . ¿Cuál es la máxima longitud de onda de la luz que produce emisión de fotoelectrones?

¿Cuál es la máxima energía cinética de los fotoelectrones emitidos si luz con $\lambda = 2000$ A° incide sobre una superficie de sodio?

<u>**Solución**</u>

El valor de la máxima longitud de onda de la luz para la cual se puede producir emisión de fotoelectrones, se determina a partir de la ecuación (2) para el caso en que toda la energía recibida del fotón se use para liberar a un electrón con cero energía cinética.

Esto significa : $hv = h\dfrac{c}{\lambda_{max}} = e\phi_o$ lo que implica que la máxima longitud de onda es

$$\lambda_{max} = \frac{hc}{e\phi_o} = \frac{1240\ eV \cdot nm}{2.3\ eV} = 539,1\ nm$$

Si la luz incidente tiene una longitud de onda 2000 A° (equivalente a 200 nm), la máxima energía cinética adquirida por los electrones es:

$$K_{max} = hv - e\phi_o = \frac{hc}{\lambda} - e\phi_o = \frac{1240\ eV \cdot nm}{200\ nm} - 2,3\ eV = 3,9\ eV$$

Ejemplo 2. Se ilumina una superficie metálica con luz de diferente frecuencia, midiendo los siguientes potenciales de retención

v ($\cdot\ 10^{14}$ Hz)	8,2	7,41	6,88	6,1	5,5	5,18
$V_{frenado}$ (Volt)	1,48	1,15	0,93	0,62	0,36	0,24

En base a estos datos experimentales, determinar v_c y ϕ_o

Solución

De acuerdo a la tabla anterior, la relación entre la frecuencia y la tensión de frenado se muestra en la figura 4, en la que para valores de frecuencia menores que $5{,}18 \cdot 10^{14}$ Hz se ha efectuado una extrapolación lineal.

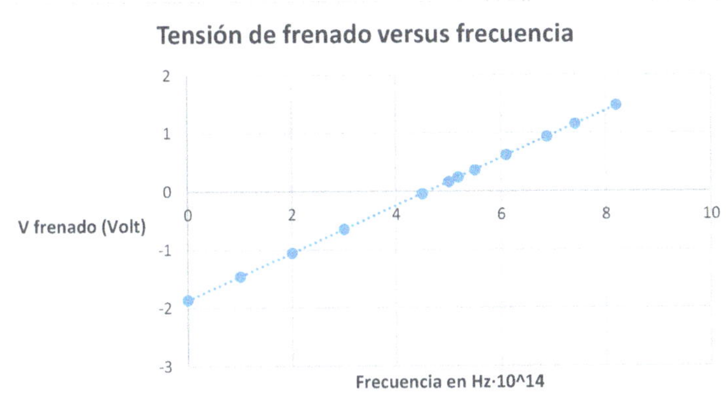

Figura 4. Relación entre frecuencia y tensión de frenado en un experimento típico de efecto Fotoeléctrico.

De la figura 4 se obtienen los siguientes valores aproximados: $\phi_o = 1{,}9$ [e V], $\nu_c = 4{,}5 \cdot 10^{14}$ [Hz]. El valor negativo que se observa para la tensión de frenado correspondiente a frecuencia cero, significa que en ese caso la emisión de fotones desde la placa no se logra por luz sino que por efecto de campo eléctrico invirtiendo la polaridad de la tensión con respecto a lo indicado en la figura 1.

El concepto de Fotón y la Dualidad Onda-Partícula

Para explicar los resultados experimentales del efecto fotoeléctrico, Einstein postuló en 1905 que no sólo la energía de la radiación es intercambiada en forma discreta con la materia, sino que también el momentum o cantidad de movimiento, de modo que se puede pensar que la interacción de la radiación con la materia a nivel microscópico corresponde al choque entre "partículas" de luz y partículas atómicas [5]. De esta forma se originó la idea del corpúsculo de luz conocido como *fotón*, el que tiene energía y cantidad de movimiento (*momentum*) cuya definición se expresa a través de la siguiente relación:

$$p = \frac{E}{c} = \frac{h\nu}{c} = \frac{h}{\lambda} \tag{3}$$

La Dualidad Onda-Partícula

El efecto fotoeléctrico fue uno de los primeros resultados experimentales que se interpretó como una manifestación de la dualidad onda-corpúsculo que es uno de los conceptos básicos de la Mecánica Cuántica. De acuerdo a las teorías clásicas predominantes a comienzos de siglo XX, la luz se comporta como ondas pudiendo producir interferencias y difracción como se observa en el experimento de la doble rendija de Thomas Young [6], pero de acuerdo a las investigaciones hechas por Planck y Einstein intercambia energía de forma discreta en paquetes de energía llamados *fotones,* cuya energía depende de la frecuencia de la radiación electromagnética. La descripción clásica de la absorción de radiación electromagnética por un electrón, sugería que la energía es absorbida de manera continua. Sin embargo, esta forma de describir dicho efecto fue modificado radicalmente por Albert Einstein que en 1905 publicó un artículo titulado "Sobre un punto de vista heurístico concerniente a la producción y transformación de la luz", en el cual propuso que la luz estaba compuesta de partículas discretas de energía llamadas "cuantos" o fotones. En este trabajo, Einstein explicó el efecto fotoeléctrico al postular que la energía de la luz estaba cuantizada en paquetes individuales de energía, que más tarde se llamarían fotones. Parece un tanto paradójico que este famoso físico, a pesar que a través de su teoría del efecto fotoeléctrico hizo un aporte fundamental a la teoría cuántica que estaba naciendo en esa época, años después junto con Podolsky y Rosen en un famoso paper de 1935 presentó argumentos que cuestionaban la descripción mecánico-cuántica de la realidad [7], lo que dio origen a la llamada paradoja EPR sobre el entrelazamiento cuántico.

El concepto de fotón fue solo el inicio del desarrollo de la teoría cuántica. En la década de los años 20 el físico francés Louis-Victor de Broglie planteó lo siguiente: si para interpretar resultados experimentales tales como los del efecto fotoeléctrico, había que pensar en la luz no como ondas sino que como un haz de corpúsculos llamados fotones, ¿porqué no sería correcto aceptar que partículas como electrones pueden presentar también un comportamiento ondulatorio?

Es así como de Broglie planteó que partículas microscópicas que tienen un momentum (o cantidad de movimiento) determinado por la relación $p = m \cdot v$ tienen una longitud de ondas asociada $\lambda = h/p$ llamada *Longitud de onda de Broglie* [8]. La onda a la que de Broglie se refería es una onda de materia, también conocida como onda de de Broglie. Esta onda describe la naturaleza ondulatoria de las partículas.

Esta idea resultó muy extraña y encontró poca acogida en la comunidad científica de la época, a pesar que era compatible con los resultados de diversos experimentos, de los cuales uno de los más conocidos es el efectuado por dos físicos norteamericanos Davisson y Germer en 1927 [9]. Si rayos X se hacen incidir sobre un cristal se observa un patrón de interferencia. Davisson y Germer hicieron incidir oblicuamente un haz de electrones sobre la cara de un cristal. Se observaron los electrones difractados por medio de un detector ubicado simétricamente, como se muestra en la figura 5.

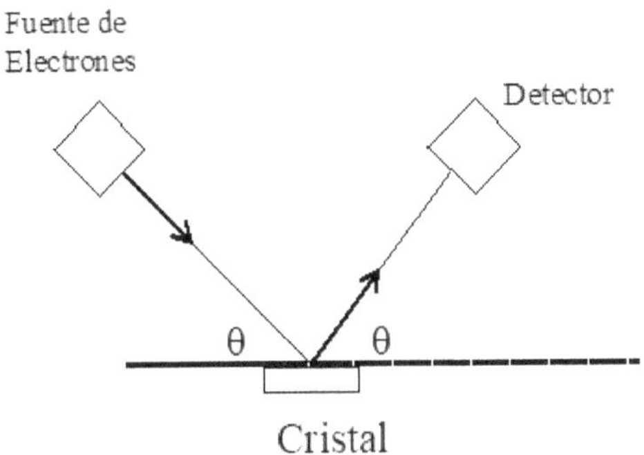

Figura 5. Esquema del experimento de Davisson y Germer.

Se encontró que la corriente de electrones registrada por el detector era máxima si se cumplía la condición de Bragg $2d\,sen\theta = n\lambda$ (que se cumple para rayos X) en que d es la separación de capas atómicas sucesivas en el cristal, n un entero y λ la longitud de onda de Broglie.

Si los electrones incidentes sobre el cristal tienen la misma longitud de onda que los rayos X (energía dentro del rango 10^3 a 10^6 eV), se observa un patrón de interferencia para los electrones dispersados que es similar al obtenido al hacer incidir los rayos X.

Pero ¿a qué onda corresponde la longitud de onda de Broglie?. Los desarrollos que por esa misma época efectuaba el físico suizo Erwin Schrödinger se complementaron muy bien con lo que postuló de Broglie y permiten contestar esta pregunta diciendo que esta onda es una función matemática de la posición y del tiempo $\psi(\vec{r},t)$ llamada amplitud de probabilidad. Al evaluar esta función se obtienen números complejos y su módulo al cuadrado está asociada a la probabilidad por unidad de volumen de encontrar a la partícula en un cierto instante t y en el entorno de un punto cuya posición está determinada por el vector $\vec{r}$. Si consideramos una región del espacio en torno a $\vec{r}$ ocupando un volumen infinitesimal dV_{ol}, la probabilidad de encontrar allí a la partícula se expresa como $|\psi(\vec{r},t)|^2 d_{Vol} = |\psi(\vec{r},t)|^2 d^3\vec{r}$, en que $d^3\vec{r} = dxdydz$ es el elemento infinitesimal de volumen en coordenadas cartesianas.

Para una partícula en movimiento de masa m que se mueve en una región en que el efecto de interacción con otras partículas está representado mediante la energía potencial $V(\vec{r})$, la función $\psi(\vec{r},t)$ corresponde a una onda de probabilidad que se mueve junto con la partícula de modo que su dinámica queda descrita no por la ley de Newton clásica sino que por una ecuación diferencial con cantidades complejas y que es la ecuación de Schrödinger

$$i\hbar\frac{\partial\psi}{\partial t} = \left\{-\frac{\hbar^2}{2m}\nabla^2 + V(\vec{r})\right\}\psi(\vec{r},t) \tag{4}$$

, en que $\hbar = h/2\pi = 1{,}054572 \cdot 10^{-34}\ J\cdot seg$ es la constante de Planck denominada con el adjetivo "reducida" o h_{barra}.

Una forma usualmente usada en cursos introductorios a la física cuántica para comprender la ecuación de Schrödinger es considerar que la función de onda $\psi(\vec{r},t)$ es de la forma $\psi(\vec{r},t) = A\,exp\left[\frac{i}{\hbar}(\vec{p}\cdot\vec{r} - Et)\right]$ la que al reemplazar en la ecuación (4) nos lleva a la expresión conocida para la energía de una partícula no relativista sometida a un potencial constante en el tiempo pero dependiente de la posición espacial: $E = \frac{p^2}{2m} + V(\vec{r})$. En estas últimas expresiones A es la amplitud de la función de onda, $\boldsymbol{p}$ es la magnitud del vector momentum $\vec{p}$ y E es la energía total de la partícula.

El apéndice 1 contiene más detalles respecto a la forma de demostrar la ecuación de Schrödinger. Una de ella es mediante el límite no relativista de una ecuación de onda que describe el movimiento de una partícula relativista de masa m. Esa ecuación tiene una estructura parecida a la ecuación de onda para una onda electromagnética plana propagándose en el vacío, pero agregando un término correspondiente a la energía asociada la masa de acuerdo a la relación $E = mc^2$ de la Teoría de la Relatividad.

Ecuación de Schrödinger y Cuantización de la Energía.

Un ejemplo típico de aplicación de la ecuación de Schrödinger que muestra la cuantización de la energía corresponde al caso de una partícula confinada a una región espacial acotada a través de un potencial que tiende a infinito de modo que le impide salir de esa región. Esta situación es usualmente denominada como "partícula en una caja de potencial" y se esquematiza en la figura 6.

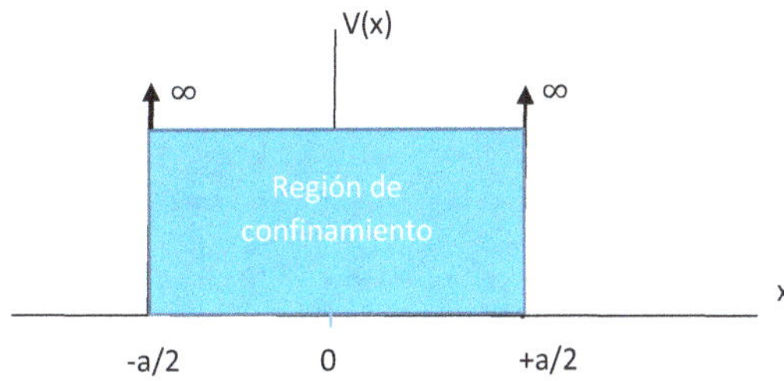

Figura 6. Partícula confinada a la región entre –a/2 < x < +a/2 por potenciales infinitos según se muestra en la figura.

La energía potencial se describe de la siguiente forma:

$$V(x) = \begin{cases} \infty & para \;\; x = \pm\dfrac{a}{2} \\[2mm] 0 & para \;\; -\dfrac{a}{2} < x < \; +a/2 \end{cases}$$

Si este potencial es constante en el tiempo y si asumimos que el sistema que estamos estudiando es conservativo, de modo que la suma de la energía cinética más la potencial es constante, la función de onda que satisface la ec. (4) es de la forma:

$\psi(x,t) = A exp \left[-i\dfrac{E}{\hbar}t \right] \varphi(x),$ en que A es una constante que se determina a partir de la condición $\int_{-\infty}^{+\infty} |\psi(x)|^2 dx = 1$, lo que significa que la probabilidad de encontrarla en la región $-\infty < x < \; \infty$ es uno. A esto último se le denomina condición de *normalización*.

El potencial representado en la figura 6 produce estados con valores discretos de energía, como demostramos a continuación.

Para $-a/2 < x < +a/2$ el potencial es cero, por lo cual de la ecuación de Schrödinger se deduce que :

$$-\frac{\hbar^2}{2m}\frac{d^2\varphi}{dx^2} = E\varphi(x) \qquad \Longrightarrow \qquad \varphi(x) = B\,sen\,kx + C\cos kx$$

con $k = \sqrt{2mE/\hbar^2}$, en que B y C son constantes que se determinan a partir de las condiciones de contorno.

Debido a que los potenciales son infinitos para $x = \pm a/2$, si la partícula está inicialmente ubicada en la región $-a/2 < x < +a/2$, queda confinada en ella, por lo cual podemos considerar que no puede salir de esa región y que es aplicable la condición de contorno $\varphi(x) = 0$ para $x = \pm a/2$, lo que implica ondas estacionarias con nodos en las paredes de esta "caja de potencial" y por ello las soluciones deben ser del tipo:

$\varphi(x) = C_n \cos k_n x$ con $B_n = 0$ y $k_n = n\pi/a$ para n entero. Se verifica fácilmente que $\varphi(x = \pm a/2) = 0$.

De lo anterior se obtiene que la energía está cuantizada pudiendo sólo tomar valores discretos dados por:

$$E_n = \frac{\hbar^2 k_n^2}{2m} = n^2\frac{\pi^2\hbar^2}{2ma^2} \qquad \text{para n} = 1,2,3,4,5,\ldots\ldots \tag{5}$$

La energía para $n =1$ se llama energía del **estado base**. Es el valor más pequeño de energía total que la partícula puede tener si se mantiene confinada a la región $-a/2 < x < +a/2$ por la caja de potencial infinito.

En la expresión anterior para los valores discretos de la energía, n es un número entero positivo diferente de cero. ¿ Porqué n no puede ser cero?. La respuesta es porque con $n=0$ la energía sería cero, lo que implica momentum cero. De acuerdo al Principio de Incertidumbre que analizaremos en la siguiente sección, esto no es posible si la partícula está confinada en una región espacial específica, ya que la incerteza en el momentum sería cero y la incerteza en su posición sería finita, por lo cual el producto de ambas sería cero, con lo cual no se cumpliría este principio que establece que dicho producto no puede ser menor a $\hbar$.

Ejemplo 3: protón confinado a una región del espacio

Un ejemplo de la física atómica que se puede describir en forma simplificada por el modelo de una partícula atrapada en una caja infinita de potencial, es el caso del núcleo del isótopo del átomo de hidrógeno denominado *Protio* que tiene un solo protón con masa $m_p \sim 2 \cdot 10^{-27}\,Kg$. En este ejemplo se determina la diferencia de energía entre el primer estado excitado y el estado base para dos casos: a) ancho de la caja del orden del tamaño del núcleo ($a \sim 10^{-15}$ mt) b) ancho de la caja igual al radio de Bohr ($0,53 \cdot 10^{-10}$ mt) que es un valor usado como estimación del tamaño de la primera órbita del electrón alrededor del núcleo del átomo de hidrógeno.

En base a sus resultados para ambos casos, compare los respectivos valores que debe tener la longitud de onda de la radiación incidente para que se produzca una transición desde el estado base al primer estado excitado.

Solución

Para que se produzca una transición desde el estado base al primer estado excitado se requiere que cada fotón incidente tenga una energía igual a

$$\Delta E = E_2 - E_1 = (2^2 - 1^2)E_1 = 3E_1$$

en que E_1 es la energía del estado base ($n=1$), de modo que $E_1 = \dfrac{\hbar^2 \pi^2}{2m_p a^2} = \dfrac{h^2}{8m_p a^2}$

La longitud de onda requerida es

$$\lambda = hc/\Delta E$$

Por lo tanto, para el caso a) se obtiene que la longitud de onda requerida es aproximadamente 2000 nm (rango del infrarrojo) mientras que en el segundo caso es del orden de 5690 mt (dentro del rango de ondas de radio).

Estos resultados muestran que mientras más se reducen las dimensiones espaciales, más se manifiesta el efecto cuántico correspondiente a la discretización de los valores de energía y más energía se requiere para observarlo. En efecto, a medida que se reducen las dimensiones del sistema a ser observado, se requiere una menor longitud de onda del instrumento óptico correspondiente lo que implica mayor energía de los fotones asociados a la luz que se hace incidir.

En la tabla 1 se ha calculado la energía en Joule y en MeV (mega electron volts) de un protón para los cinco primeros niveles de energía, en dos casos: Caso 1-protón confinado al interior de un núcleo (que corresponde a una extensión del orden de 10^{-15} m) y Caso 2- protón confinado en una región igual al radio de Bohr ($0,53 \cdot 10^{-10}$ m).

Tabla 1

<u>Valores discretos de energía de un protón confinado a una región espacial</u>

Estado	Protón confinado a un núcleo		Protón en rango radio Bohr	
	Energía (Joule)	Energía (MeV)	Energía (Joule)	Energía (MeV)
1	$3{,}29\cdot10^{-11}$	$2{,}04\cdot10^{2}$	$1{,}17\cdot10^{-20}$	$7{,}26\cdot10^{-8}$
2	$1{,}31\cdot10^{-10}$	$8{,}16\cdot10^{2}$	$4{,}68\cdot10^{-20}$	$2{,}91\cdot10^{-7}$
3	$2{,}96\cdot10^{-10}$	$1{,}84\cdot10^{3}$	$1{,}05\cdot10^{-19}$	$6{,}54\cdot10^{-7}$
4	$5{,}26\cdot10^{-10}$	$3{,}26\cdot10^{3}$	$1{,}87\cdot10^{-19}$	$1{,}16\cdot10^{-6}$
5	$8{,}22\cdot10^{-10}$	$5{,}10\cdot10^{3}$	$2{,}92\cdot10^{-19}$	$1{,}82\cdot10^{-6}$

De esta tabla se deduce que al aumentar la extensión de la región de confinamiento, las diferencias de energía entre niveles vecinos disminuyen de modo que la energía se comporta prácticamente como una cantidad con valores continuos, tal como ocurre en una descripción clásica.

Ondas de Materia y Barreras de Potencial

Consideremos en primer lugar el caso de una partícula que se mueve libremente hasta que entra a una región en que hay un potencial constante, como se muestra en la figura 7.

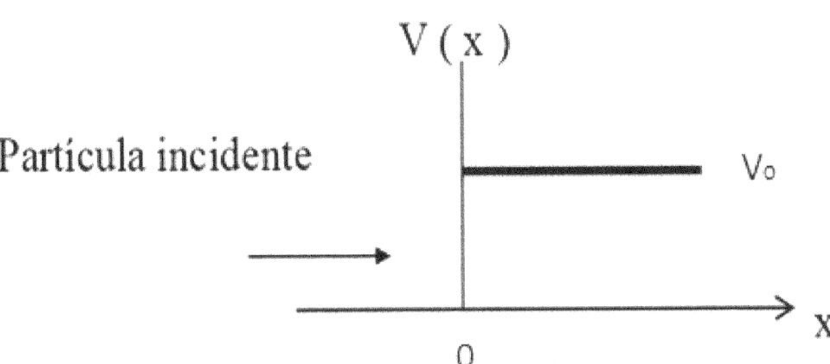

Figura 7. Partícula sometida a una interacción consistente en un escalón de potencial.

El potencial se puede describir como:

$$V(x) = \begin{cases} 0 & para \ x < 0 \\ V_o & para \ x > 0 \end{cases}$$

Si $V(x)$ no depende del tiempo, la energía total E se conserva y la función de onda asociada a la partícula se puede escribir en este caso como el producto de una función dependiente del tiempo y una función dependiente de la posición, en la siguiente forma:

$$\psi(x,t) = A\,exp\left[-i\frac{E}{\hbar}t\right]\varphi(x) \qquad (6)$$

La función $\varphi(x)$ se obtiene resolviendo la ecuación de Schrödinger independiente del tiempo:

$$-\frac{\hbar^2}{2m}\frac{d^2\varphi}{dx^2} + V(x)\varphi(x) = E\varphi(x) \qquad (7)$$

<u>Solución para zona x < 0</u>

$$\varphi(x) = A_1 e^{+ikx} + A_2 e^{-ikx} \quad en \ que \ k = \sqrt{2mE/\hbar^2}$$

Solución para x > 0

Caso 1: $E > V_o$

$$\varphi(x) = B_1 e^{+ik'x} + B_2 e^{-ik'x} \quad \text{en que } k' = \sqrt{2m(E - V_o)/\hbar^2}$$

Caso 2: $E < V_o$

En esta caso la función de onda para x > 0 es:

$$\varphi(x) = C_1 e^{K'x} + C_2 e^{-K'x} \quad \text{en que } K' = \sqrt{2m(V_o - E)/\hbar^2} \quad \text{real y positivo}$$

Condiciones de contorno

1) Como la onda asociada a la partícula incide desde la izquierda solamente, para el caso 1 en que $E > V_o$ se debe cumplir que $B_2 = 0$, de modo de compatibilizar con el hecho que en esa región debe haber solo una onda que viaja en la dirección positiva del eje x.

2) Para caso 2 $(E < V_o)$ la función de onda no puede crecer indefinidamente en zona x > 0, por lo cual se debe considerar $C_1 = 0$ de modo que sólo tiene sentido físico la función de onda exponencialmente amortiguada.

3) Continuidad de la función de onda y su primera derivada para x = 0

En particular para el caso en que $E > V_o$ de las condición de continuidad anterior se obtiene:

$$\left.\begin{aligned} A_1 + A_2 &= B_1 \\ ik(A_1 - A_2) &= ik'B_1 \end{aligned}\right\} \Rightarrow \begin{cases} A_2 = A_1 \left(\dfrac{k-k'}{k+k'}\right) \\ B_1 = A_1 \dfrac{2k}{k+k'} \end{cases}$$

Definiendo la densidad de flujo de partículas como $J = |\psi|^2 \cdot velocidad$, se tiene:

Densidad de flujo de partículas incidentes sobre una barrera de potencial

$$J_{incidente} = A_1{}^2 \left(\frac{\hbar k}{m}\right) \tag{8}$$

Densidad de flujo de partículas reflejadas en una barrera de potencial para E $>$ V$_0$

$$J_{reflejada} = A_2{}^2 \left(\frac{\hbar k}{m}\right) = A_1{}^2 \left(\frac{\hbar k}{m}\right)\left\{\frac{(k-k')^2}{(k+k')^2}\right\} \tag{9}$$

Densidad de flujo de partículas transmitidas a través de una barrera de potencial para E $>$ V$_0$

$$J_{transmitida} = B_1{}^2 \left(\frac{\hbar k'}{m}\right) = A_1{}^2 \left(\frac{\hbar k'}{m}\right)\left\{\frac{(2k)^2}{(k+k')^2}\right\} \tag{10}$$

De las tres relaciones anteriores, se verifica que $J_{incidente} = J_{reflejada} + J_{transmitida}$.

Es importante señalar que en las ecuaciones (8) a (10) se ha considerado que para el caso $E > V_o$ la velocidad de la partícula en la región $x < 0$ es $\hbar k/m$ mientras que en la región $x > 0$ es $\hbar k'/m$. Sin embargo, se debe considerar que el usar estas expresiones para la velocidad puede ser aceptable solo como una aproximación semiclásica por las siguientes razones:

1) Estamos relacionando la velocidad en un contexto clásico como el momentum este útimo expresado como $p = \hbar k = \hbar 2\pi/\lambda$ o $p' = \hbar k' = \hbar 2\pi/\lambda'$ en que λ y λ' son las correspondientes longitudes de onda de Broglie. Es decir estamos considerando que estas longitudes de onda corresponden al comportamiento ondulatorio de las partículas cuánticas.

2) De acuerdo al formalismo de la Mecánica Cuántica, el momentum y por ende la velocidad de una partícula no están totalmente determinadas como ocurre en la Física Clásica debido al Principio de Incertidumbre que analizaremos en la siguiente sección, lo que implica que no es posible precisar una trayectoria definida como la que se obtiene a través de las leyes de Newton y en el caso específico de la velocidad debemos considerar un valor esperado en términos probabilísticos.

Efecto Túnel

Consideremos una barrera de potencial de ancho L y altura $V_o > E$ como se muestra en la figura 8.

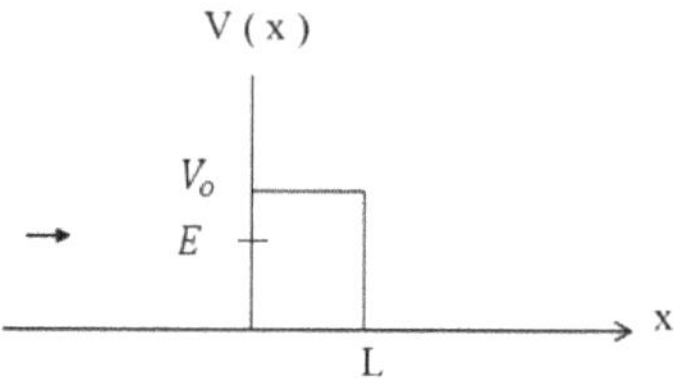

Figura 8. Partícula incidente sobre una barrera de potencial con altura V $_o$ > E

En este caso, según la Física Clásica la partícula se reflejaría en *x=0* sin pasar hacia la región *x>0*. Sin embargo, la Física Cuántica predice que por efecto túnel hay una probabilidad distinta de cero que la partícula atraviese la barrera. Las funciones de onda en cada región se describen como se indica a continuación.

Región I (x < 0)

$$\varphi_I(x) = A_1 e^{ikx} + A_2 e^{-ikx} \qquad \text{en que } k = \sqrt{2mE/\hbar^2} \tag{11}$$

Región II (0 < x < L)

$$\varphi_{II}(x) = B_1 e^{qx} + B_2 e^{-qx} \quad \text{en que } q = \sqrt{2m(V_o - E)/\hbar^2} \text{ real y positivo} \tag{12}$$

Región III (x > L)

$$\varphi_{III}(x) = C_1 e^{ikx} \tag{13}$$

De las condiciones de continuidad de las funciones de onda y sus correspondientes derivadas, se obtiene un sistema de 4 ecuaciones para A_2, B_1,B_2 y C_1 en términos de A_1. De esta forma se pueden obtener las funciones de onda en cada una de las regiones y con ello determinar las correspondientes probabilidades de encontrar a la partícula.

Ejemplo 4. Transmisión a través de una barrera de potencial por efecto túnel.

Se propone al lector demostrar que la probabilidad que por efecto túnel la partícula atraviese esta barrera, se puede expresar mediante el coeficiente de transmisión dado por:

$$\frac{|C_1|^2}{|A_1|^2} = \frac{4k^2 q^2}{4k^2 q^2 + (q^2 + k^2)^2 \sinh^2(qL)} \tag{14}$$

Ejemplo 5. Otro ejercicio propuesto

Demostrar que los coeficientes B_1 y B_2 de la ec. (12) se pueden expresar en términos de C_1 como:

$$B_1 = \frac{C_1}{2}\left(1 + i\frac{k}{q}\right)e^{ikL}e^{-qL} \tag{15}$$

$$B_2 = \frac{C_1}{2}\left(1 - i\frac{k}{q}\right)e^{ikL}e^{qL} \tag{16}$$

Ejemplo 6. Probabilidades de transmisión y reflexión ante una barrera de potencial

Considere el caso mostrado en la figura 8 en que una partícula de masa m incide desde la izquierda con energía E y se encuentra con un escalón de potencial en $x=0$ tal que $V_o = 5E$.

a) Para valores de la energía E de la partícula incidente y ancho L de la barrera, tales que $kL = \pi$ determine la probabilidad que la partícula se encuentre en la región $x > 0$

Solución

De las ecuaciones (11) y (12) se observa que $q = 2k$ con lo cual $qL = 2\pi$. De la ecuación (14) se obtiene que esta probabilidad es pequeña, del orden de 10^{-7}.

b) Determine una expresión para la densidad de probabilidad que la partícula se ubique en el interior de la barrera, es decir en la región $0 < x < L$. Indicar en qué parte de esta región es más probable ubicar la partícula.

Solución

Esta densidad está determinada por $|\varphi_{II}(x)|^2$ y después de un desarrollo matemático simple usando las ecuaciones (12),(15) y (16), se obtiene

$$|\varphi_{II}(x)|^2 = \varphi_{II}(x)\varphi_{II}{}^*(x) = |B_1|^2 e^{2qx} + |B_2|^2 e^{-2qx} + 2Re\{B_1 B_2^*\}$$

$$= \frac{|C_1|^2}{2}\left(1 - \frac{k^2}{q^2}\right)\{1 + cosh[2q(x - L)]\}$$

, en que $|C_1|^2$ se obtiene a partir de la ec. (14). Como esta expresión depende de la función coseno hiperbólico ($cosh$), se deduce que en el rango de x entre 0 y L su mayor valor ocurre para $x=0$, por lo cual en las cercanías de ese punto es más probable ubicar a la partícula.

   c) Para el caso en que $V_o \gg E$ determine una expresión para la densidad de probabilidad en la región I.

En el límite en que la altura de la barrera de potencial tiende a infinito en comparación con la energía E de la partícula incidente, el coeficiente de transmisión tiende a cero y la partícula es totalmente reflejada. En ese caso $\varphi_I(x = 0)$ tiende a cero lo que implica que en la ec. (11) $A_2 = -A_1$, con lo cual la función de onda para esa región es $\varphi_I(x) = 2iA_1 sen\, kx$ y la correspondiente densidad de probabilidad es

$$\varphi_I(x)\varphi_I{}^*(x) = 4A_1^2 sen^2 kx$$

Este resultado indica que la función de onda presenta nodos, uno de los cuales se ubica en x=0.

Ejemplo 7. Electrón en estado ligado y escalón de potencial

Un electrón se encuentra en un estado ligado con energía Eo al estar sometido al potencial que se muestra en la siguiente figura, tal que para $x < 0$ este potencial es infinito.

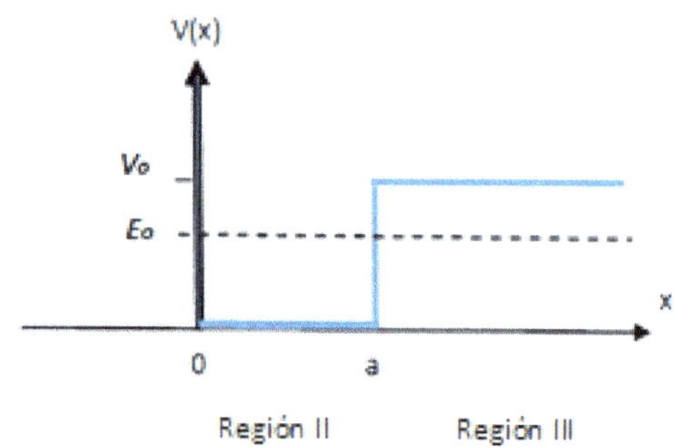

a) Escriba expresiones para las funciones de onda es estado estacionario para las regiones II (0<x<a) y III (x>a)

Solución

Dado que el potencial es infinito para x<0 (región I), la probabilidad de encontrar al electrón en esa región es cero por lo cual la correspondiente función de onda es nula, es decir

$$\varphi_I(x) = 0$$

Para la región $0 < x < a$ (región II) el potencial es nulo y de la ecuación de Schrödinger se obtiene que la solución es de la forma

$$\varphi_{II}(x) = A_1 e^{ikx} + A_2 e^{-ikx} , \quad \text{con } k = \sqrt{2mE_o/\hbar^2}$$

Por continuidad de la función de onda $\varphi_{II}(x = 0) = \varphi_I(x = 0) = 0$ lo que implica que

$$A_1 = -A_2$$

Por lo tanto para esta región la función de onda es $\varphi_{II}(x) = A\,sen\,kx$, con $A = 2iA_1$

Para la región $x > a$ (región III) la energía de la partícula es menor que la energía del potencial con que interactúa, por lo cual de la ecuación de Schrödinger se obtiene que para este caso la función de onda debe ser de la forma

$$\varphi_{III}(x) = C\,e^{-Rx}, \text{ con } R = \sqrt{2m(V_o - E_o)/\hbar^2} \text{ cantidad real y positiva.}$$

b) Complementando su respuesta a la pregunta anterior correspondiente al caso de cero transmisión, determine la o las constantes que hay en su expresión y fundamente.

Solución

Las constantes a determinar son $A_1 = -A_2$ y C. Considerando la condición de continuidad de la función de onda, se debe cumplir que

$$\varphi_{II}(x = a) = \varphi_{III}(x = a) \qquad \Rightarrow C = A\,e^{Ra}\,sen\,ka$$

Por lo tanto, considerando esta última relación se requiere determinar una sola constante, digamos A, la que se obtiene a partir de la condición que la suma de las probabilidades de encontrar a la partícula en las regiones II y III debe ser 1. Ello implica

$$\int_0^a [\varphi_{II}(x)]^2 \, dx + \int_a^\infty [\varphi_{II}(x)]^2 \, dx = 1$$

$$\Rightarrow \; A^2\left\{\int_0^a dx \, sen^2 kx \; + e^{2Ra} sen^2 ka \int_a^\infty dx \, e^{-2Rx}\right\} = 1$$

Después de un breve desarrollo se obtiene

$$A = \left\{\frac{1}{2}\left[a - \frac{sen2ka}{2k}\right] + \frac{sen^2 ka}{2R}\right\}^{-1/2}$$

Cabe notar que para que la integración de las densidades de probabilidad entregue valores adimensionales, las constantes que aparecen en las funciones de onda para cada región deben tener unidades (longitud)$^{-1/2}$.

Werner Heisenberg- El principio de Incertidumbre

Este es uno de los principios fundamentales de la Física Cuántica. Fue formulado por Werner Heisenberg en 1927 y refuerza la notable diferencia que existe con la Física Clásica, en la cual como es sabido a partir de las ecuaciones de Newton se puede determinar en forma precisa y simultánea variables tales como la posición y la velocidad de una partícula [10-11].

Esto no es posible en la Física Cuántica ya que existen en forma simultánea incertezas o imprecisiones en la posición y en la cantidad de movimiento (proporcional a la velocidad a través de la masa) las que no son simultáneamente nulas. Si conocemos con precisión la posición de una partícula su momentum está totalmente indeterminado y viceversa.

En esencia, este principio establece que hay cantidades en la física, como la posición de un objeto y su velocidad, tales que cuando se efectúa una medición simultánea de ambas cantidades, hay una incertidumbre en ambas con un límite inferior inevitable independiente que se logre la mayor precisión posible de alcanzar con la mejor tecnología disponible en instrumentos de medición. Esto significa que ciertas variables se presentan en pares relacionados en una forma tal que la determinación del valor de una, necesaria e inevitablemente, afecta el valor de la otra. Esto parece una extraña limitación que la Naturaleza impone a algunas de nuestras mediciones. En suma, este principio establece que el producto de las incertezas de ambas variables no puede ser menor que una constante universal, llamada la constante de Planck, que tiene un valor muy pequeño pero no nulo y que es igual a $\hbar = $ h/2π en que h es la constante de Planck que en unidades MKS tiene un valor 6,63$\cdot$10^{-34} Joule$\cdot$seg. Esta relación entre las incertezas de las variables relacionadas, significa que cuanto más preciso es el valor que se obtiene al medir una de ellas, más grande será la incertidumbre en el resultado de la medición de la otra variable.

Dos ejemplos típicos de pares de variables que se relacionan en esta forma son posición-momentum y energía-tiempo. En el primer caso, tanto más precisa sea la determinación de la posición de un objeto, tanto menos podremos saber sobre su estado de movimiento. Este último se define como el producto de la masa (m) y la velocidad (v) del objeto, y se le llama *"momentum"* o cantidad de movimiento, $p=mv$. Si el objeto se mueve en forma rectilínea a lo largo de una dirección paralela a un eje que denominaremos **x**, y designamos a la incertidumbre en su posición como Δx y la incertidumbre en su momentum como Δp, de acuerdo al *Principio de Incertidumbre* se tiene la siguiente relación

$$\Delta p \cdot \Delta x \gtrsim \hbar \tag{17}$$

Esto indica que el producto de las incertezas en el momentum y en la posición no puede ser menor que $\hbar = h/2\pi = 1{,}054571 \cdot 10^{-34}\ Joule \cdot seg$, que no es cero a pesar de corresponder a un valor muy pequeño, de modo que si se tuviese $\Delta x = 0$, se tendría que Δp tomaría un valor infinito. De esta forma, si la posición se conoce con precisión absoluta, el estado de movimiento es completamente desconocido.

Ejemplo 8

Determine la incertidumbre en la posición para el caso de un electrón que se mueve con una rapidez de 10.000 km/seg medida con una precisión de 0,001%.

Solución

En primer lugar se determina a partir de los datos disponibles, la incertidumbre Δp en la velocidad. A partir de la relación de incertidumbre expresado mediante la ec.(17) se obtiene la incertidumbre en la posición.

La masa del electrón es $9{,}1 \cdot 10^{-31}$ Kg con lo cual la incertidumbre en el momentum es

$$\Delta p = m_e \cdot \Delta v$$

, con $\Delta v = \dfrac{0{,}001}{100} \cdot 10^7 = 100$ mt/seg. Por lo tanto

$$\Delta p = m_e \cdot \Delta v = 9{,}1 \cdot 10^{-29}\ \text{mt/ seg}$$

De la ec. (17) se obtiene que la incertidumbre en la posición es del orden de

$$\Delta x \approx \frac{\hbar}{\Delta p} = \frac{1{,}054571 \cdot 10^{-34}}{9{,}1 \cdot 10^{-29}} = 1{,}16 \cdot 10^{-6}\ \text{mt}$$

Considerando que el volumen correspondiente a un átomo como sistema cuántico, se puede estimar como una esfera con radio del orden de 10^{-11} metros (incluyendo núcleo y electrones distribuidos en torno a éste), el valor obtenido para esta incertidumbre es significativo a escala de dimensiones cuánticas.

Ejemplo 9

Repita el caso anterior para el caso de un proyectil de masa 100 g que se mueve con una rapidez de 100 m/seg medida también con una precisión de 0,001%.

Solución

En este caso $\Delta v = \frac{0,001}{100} \cdot 100 = 0,001$ mt/seg con lo cual $\Delta p = m \cdot \Delta v = 10^{-4}$ kg·mt/seg, lo que implica

$$\Delta x \approx \frac{\hbar}{\Delta p} = \frac{1,054571 \cdot 10^{-34}}{10^{-4}} \sim 10^{-30}$$ mt, valor que es imperceptible a la escala de dimensiones consideradas en la Física Clásica.

A partir del principio de incertidumbre expresado mediante la ec. (17) se puede establecer en una aproximación intuitiva la denominada relación de incertidumbre Energía ·Tiempo

$$\Delta E \cdot \Delta t \gtrsim \hbar \tag{18}$$

La interpretación más usual de esta última relación es que mientras menos tiempo tengamos para hacer una medición de la energía de un sistema cuántico, mayor será la incerteza en el resultado de esta medición. Este es el caso por ejemplo de lo que ocurre en el espectro de emisión de un átomo cuando después de ser excitado a un estado con energía E_2 retorna espontáneamente a su estado base E_1 al cabo de un tiempo muy breve que es de un orden cercano a los nanosegundos. Esta transición implica la emisión de un fotón con una frecuencia precisa dada por $v = (E_2 - E_1)/h = \Delta E/h$, lo que implicaría una línea espectral de ancho tendiente a cero por lo cual solo tendría una dimensión lineal. Sin embargo, lo que se observa experimentalmente es una línea con un cierto ancho, lo que implica que no hay una sola frecuencia sino que un rango de frecuencias. Esto se ilustra en el ejemplo 11.

Ejemplo 10. Argumento de plausibilidad para comprender la relación de incertidumbre Energía·Tiempo

Dar un argumento para obtener la ecuación (18) a partir de la ecuación (17).

Solución

De la relación entre energía y momentum $E = p^2/2m$, se obtiene que

$$\Delta E = p\, \Delta p/m \implies \Delta p = m\Delta E/p$$

Reemplazando en la ec. (17)

$$\frac{m\Delta E}{p}\Delta x \gtrsim \hbar$$

Como el momentum p es mΔx/Δt al reemplazar en esta última relación se obtiene

$$\Delta E \cdot \Delta t \gtrsim \hbar$$

Cabe señalar que este ejemplo solo pretende mostrar en una forma muy simplificada un argumento de plausibilidad para esta relación. Sin embargo, es importante señalar que desde el punto de vista del formalismo matemático de la Mecánica Cuántica, la relación de incertidumbre Energía·Tiempo ha sido materia de discusión entre los físicos teóricos lo que ha generado diversas publicaciones al respecto. Un aspecto esencial lo constituye la determinación de operadores adecuados para la energía y el tiempo, lo que no ocurre con la relación de incertidumbre Momentum-Posición ya que ambas cantidades tienen operadores asociados.

Ejemplo 11. Incertidumbre Energía-Tiempo y frecuencia medida para radiación emitida por un átomo ante una transición.

Un átomo permanece en un estado excitado durante un intervalo de tiempo que es aproximadamente $\Delta t \sim 10^{-8}$ segundos. Estimar en términos de frecuencia el ancho Δv de la línea espectral cuando el electrón del átomo de hidrógeno hace la transición desde el primer estado excitado al estado base con la emisión simultánea de un fotón con frecuencia $v = 2{,}5 \times 10^{15}$ Hz.

Solución

De la relación entre la energía y la frecuencia para un fotón, $E = hv$, se tiene que la incerteza ΔE en la energía implica una incerteza $\Delta v = \Delta E / h$ en la frecuencia.

La incertidumbre Δt en el tiempo corresponde al intervalo de tiempo disponible para efectuar la medición de la energía del estado excitado y que es igual a $\Delta t = 10^{-8}$ seg en este caso.

Por lo tanto, de la ec. (18) obtenemos que $\Delta v \cdot \Delta t \gtrsim 1$ lo que implica $\Delta v \sim 10^{8}$ Hz. En relación a la frecuencia media del fotón emitido $\frac{\Delta v}{v} \approx 10^{-8}$. Esto implica un ancho muy pequeño de la línea espectral, pero que no se puede ignorar en mediciones ópticas de alta precisión.

El átomo y Configuración Atómica

Dentro de los resultados más importantes que ha tenido el desarrollo de la teoría de la Mecánica Cuántica, uno de ellos ha sido la determinación de un modelo que permite comprender la estructura y fenómenos que ocurren en el interior del átomo así como su interacción con la materia.

Previamente al marco conceptual que hemos discutido en las secciones precedentes, a comienzos del siglo XX se consideraban modelos del átomo como los que describimos a continuación.

Modelo de Thomson

Este modelo consideraba que entre medio de las cargas positivas (asimiladas a un fluido continuo) se ubicaban los electrones, en una cantidad tal que el átomo era eléctricamente neutro.

Modelo de Rutherford

Según este modelo los electrones se mueven en una órbita circular respecto al núcleo, bajo una interacción electrostática (Ley de Coulomb), como se esquematiza en la figura 9.

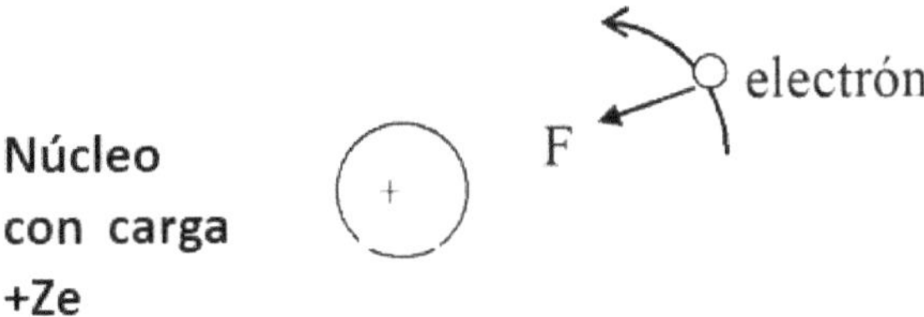

Figura 9. Esquema de un electrón girando respecto a un núcleo con carga +Ze con Z igual al número atómico o número de protones en el núcleo.

Al girar cada electrón en una órbita circular de radio r con velocidad tangencial v está sujeto a una fuerza centrípeta $F = mv^2/r$ la que en condición de equilibrio se iguala con la fuerza de atracción de Coulomb, con lo cual el lector puede verificar que la energía total es

$$E_{total} = E_{potencial} + E_{cinética} = -\frac{Ze^2}{8\pi\varepsilon_o r} < 0$$

Este es un modelo totalmente clásico que presenta problemas tales como los siguientes:

- No permite determinar el radio *r* de la órbita
- El electrón se mueve con aceleración centrípeta, lo que implica que la órbita que describe es inestable al emitir radiación electromagnética, con lo cual al perder energía de movimiento el electrón se precipitaría sobre el núcleo. Se debe recordar que de acuerdo a la teoría electromagnética clásica una carga acelerada emite radiación electromagnética.

Modelo de Bohr

Este modelo fue postulado por el físico danés Niels Bohr quien lo publicó en 1913 en un artículo titulado "*On the Constitution of Atoms and Molecules*" (Sobre la constitución de átomos y moléculas), que fue publicado en la revista científica "Philosophical Magazine" en dos partes, en julio y noviembre de ese año. En este trabajo, Bohr presentó por primera vez su modelo atómico, que constituyó un gran aporte para establecer los fundamentos teóricos de la estructura atómica y sentar las bases de la Mecánica Cuántica.

El trabajo de Bohr se basó en investigaciones hechas anteriormente por otros físicos sobre el espectro electromagnético emitido por átomos cuando son excitados por calor o electricidad, un fenómeno que no podía ser explicado por los modelos clásicos de átomos.

A través de sus estudios, Bohr llegó a la conclusión de que los electrones en un átomo están restringidos a órbitas con radios cuantizados y que su energía solo puede tener valores discretos en vez de continuos como se describe en la Física Clásica, lo que sentó las bases para el posterior desarrollo de la Mecánica Cuántica.

Este modelo introdujo la idea de que los electrones orbitan alrededor del núcleo en estados con valores discretos de energía (o niveles de energía), produciéndose una transición entre estados con absorción o emisión de energía. La teoría de Bohr también permitió comprender el espectro de emisión de gases, proporcionando una explicación adecuada de las líneas espectrales observadas. Por sus contribuciones, Niels Bohr recibió el Premio Nobel de Física en 1922.

Este modelo usa las ecuaciones de la dinámica clásica y considera que los valores posibles para el radio de la órbita están dados por:

$$2\pi r = n\lambda \quad \text{con } \mathbf{n} \text{ un entero y } \lambda = \text{longitud de onda de Broglie} = \mathbf{h/p.}$$

Considerando además que la fuerza centrípeta es igual a la fuerza debido a la atracción de coulomb que la carga del núcleo ejerce sobre el electrón, es decir $F = m_e v^2/r = Ze^2/4\pi\varepsilon_o r^2$, se obtiene que los valores posibles de velocidad del electrón en su órbita y radio de ésta están dados por las expresiones:

$$v_{electrón} = Z\alpha c/n, \qquad r = n^2 \frac{\lambda_c}{Z\alpha}$$

en que α es la llamada constante de estructura fina determinada por $\alpha \equiv \dfrac{e^2}{4\pi\varepsilon_o \hbar c} \approx$ 1/137 y $\lambda_c = \hbar/m_e c$ es la longitud de onda Compton para el electrón.

De aquí se obtienen valores discretos para la energía según

$$E_n[eV] = -\frac{Z^2 13{,}6}{n^2} \quad \text{con } n \text{ entero positivo distinto de cero.}$$

Para $n = 1$ se tiene $v_{electrón} \approx c/137$; $r = 0{,}53$ A° ; $E_1 = -13{,}6$ [eV]. El valor $r = 0{,}53$ A° corresponde al denominado radio de Bohr, usualmente designado como a_o.

Experimento de Franck y Hertz

Una de las pruebas más evidentes de la existencia de estados discretos de energía en un átomo fue el experimento efectuado en 1914 por los físicos James Franck y Gustav Ludwig Hertz que se describe a continuación.

En el experimento, se bombardearon átomos de un gas de mercurio contenido en un tubo a baja presión. Cuando los electrones acelerados por un voltaje chocan con los átomos de este gas, pueden transferir energía a los electrones de estos átomos. Si la energía cinética de los electrones incidentes es suficiente para excitar un electrón en el átomo del gas a un nivel de energía superior, se observará una disminución significativa en la corriente de electrones debido a la colisión inelástica. Esto se debe a que parte de la energía cinética de los electrones incidentes se ha transferido a los electrones del átomo, y como resultado, estos electrones se mueven más lentamente, lo que reduce la corriente neta de electrones que llegan al otro extremo del tubo.

Cuando se varía el voltaje aplicado entre los electrodos, se observan patrones de picos y valles en la corriente de electrones medida. Estos picos y valles se deben a la forma en que la energía cinética de los electrones incidentes se distribuye entre los diferentes niveles de energía permitidos en los átomos del gas. Cuando la energía cinética de los electrones es suficiente para excitar un electrón del átomo del gas a un nivel de energía superior, se produce una disminución en la corriente de electrones. A medida que se aumenta gradualmente el voltaje, se alcanzan sucesivamente los niveles de energía más altos y se observan los picos y valles correspondientes en la corriente medida. Estos picos y valles son una consecuencia directa de la naturaleza discreta de la estructura de niveles de energía en los átomos, lo que demuestra la validez de la teoría cuántica.

De esta forma el experimento de Frank y Hertz proporcionó la evidencia experimental que los átomos tienen niveles de energía discretos, apoyando así el modelo cuántico de Bohr y sentando las bases para la teoría cuántica.

El experimento de esquematiza en la figura 14. El filamento caliente F emite electrones que son acelerados hacia la grilla G mediante una diferencia de potencial V variable. El espacio entre F y G está lleno de vapor de mercurio. Entre la grilla y la placa colectora P se aplica un potencial frenante V' ≈ 0.5 [Volt] de modo que los electrones que quedan con muy poca energía después de una o más colisiones no pueden alcanzar la placa y el galvanómetro I no las registra.

A medida que aumenta la diferencia de potencial V la corriente de placa I fluctúa apareciendo dos peaks (crestas) con un intervalo de aproximadamente 4.9 [V]. El primer valle corresponde a los electrones que pierden toda su energía cinética después de una colisión inelástica con un átomo de Hg que queda en un estado excitado. El segundo valle corresponde a los electrones que sufren dos colisiones inelásticas con dos átomos de Hg perdiendo toda su energía cinética y en forma similar para las restantes crestas.

Para el átomo de Mercurio (Hg) la diferencia de energía $E_2 - E_1$ es de 4,86 eV la que corresponde a radiación de longitud de onda 255,1 nm.

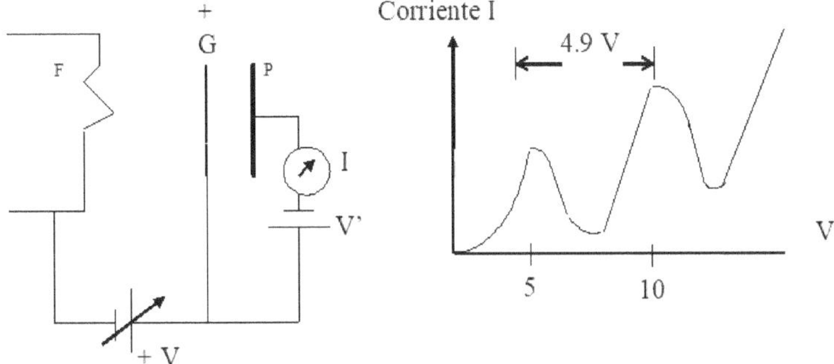

Figura 10. Esquema del experimento de Franck y Hertz.

<u>Limitaciones del Modelo de Bohr</u>

- No describe átomos con más de un electrón, por lo cual solo es apropiado para el átomo de hidrógeno, aunque puede servir como referencia didáctica para comprender el comportamiento de otros átomos, en particular de aquellos que tienen un solo electrón en su capa más externa como veremos en la sección siguiente.
- No explica la forma en que los átomos se ligan para formar moléculas.
- No permite determinar las probabilidades de transición entre los estados cuánticos del átomo.

Teoría Cuántica del Átomo en base a la ecuación de Schrödinger

Las limitantes de los modelos anteriores son resueltas mediante la solución de la ecuación de Schrödinger en estado estacionario. Esta ecuación es:

$$\left\{ -\frac{\hbar^2}{2m}\nabla^2 + V(\vec{r}) \right\} \varphi(\vec{r}) = E\varphi(\vec{r})$$

, en que $V(\vec{r}) = -Ze^2/4\pi\varepsilon_o r$ es la energía de interacción de Coulomb entre las cargas positivas del núcleo y el electrón, siendo Z es el número atómico del átomo que representa el número total de cargas positivas en el núcleo (número de protones). Como $V(\vec{r})$ es una función con simetría esférica, la ecuación anterior se puede resolver por el método de separación de variables en coordenadas esféricas, de modo que se considera que la función $\varphi(\vec{r})$ es el producto de una función que depende solamente de la coordenada radial r por otra función dependiente de las coordenadas angulares θ y ϕ.

Al resolver esta ecuación en esta forma, se obtiene que para un átomo como el correspondiente al hidrógeno las funciones de onda permitidas tienen la siguiente forma:

$$\varphi_{n,l,m_\ell}(r,\theta,\phi)=R_{n,\ell}(r)Y_{l,m_\ell}(\theta,\phi) \tag{19}$$

, en que las funciones angulares $Y_{l,m_\ell}(\theta,\phi)$ son los llamados armónicos esféricos. Para mayores detalles se recomienda revisar libros conocidos sobre Física cuántica tales como el volumen 3 de las Lecturas de Física de Richard Feynmann [12] o el capítulo 4 del libro de David J. Griffiths and Darrell F. Schroeter, *Introduction to Quantum Mechanics* [13].

De aquí resulta que los estados en que se puede encontrar el sistema atómico quedan especificados por los siguientes números cuánticos:

$n = 1,2,3,\ldots\ldots$

$\ell = 0,1,2,\ldots\ldots,n-1$

$m_\ell = -\ell,-\ell+1,\ldots\ldots,\ell-1,\ell$

El número cuántico n se llama **número cuántico principal** y determina en forma esencial los valores permitidos de la energía que solo toma valores discretos de acuerdo a la siguiente expresión:

$$E_n = -\frac{Z^2}{n^2}\left(\frac{me^4}{2\hbar^2(4\pi\varepsilon_o)^2}\right) = -\frac{Z^2}{n^2}E_1 \tag{20}$$

, en que se ha definido $E_1 \equiv \frac{me^4}{2\hbar^2(4\pi\varepsilon_o)^2}$ ≈ 13.6 eV. Esta ecuación coincide con la expresión para la energía según el modelo de Bohr.

ℓ es el número cuántico orbital y determina los valores posibles que puede tener la magnitud del momento angular orbital $\vec{L}$ del electrón al girar con respecto al núcleo en un estado caracterizado por el número cuántico principal n, en la siguiente forma:

$$L = \hbar\sqrt{\ell(\ell+1)} \tag{21}$$

Los valores permitidos de la proyección de $\vec{L}$ a lo largo del eje z están determinados por el número cuántico magnético orbital m_ℓ según: $L_z = m_\ell \hbar$

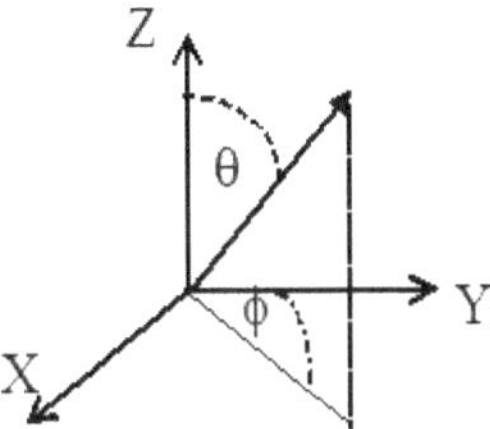

Figura 11. Sistema de coordenadas esféricas con centro en el núcleo del átomo.

Por lo tanto, de la resolución de la ecuación de onda de Schrödinger se obtiene un conjunto de funciones de onda (o probabilidades de distribución de los electrones) para los diferentes niveles energéticos que se denominan **orbitales atómicos**. El modelo de Schrödinger utiliza tres números cuánticos para describir un orbital: *n, l* y *m_l*. Revisemos nuevamente, el significado de estos tres números.

Número cuántico principal "n"

- Toma valores enteros: 1,2,3...
- A mayor *n* más lejos del núcleo se encuentra la región que tiene la mayor densidad de probabilidad de localización del electrón.
- A medida que *n* aumenta el electrón se encuentra menos ligado al núcleo ya que la magnitud de la energía (negativa para estados ligados) va disminuyendo

Número cuántico del momento angular ó azimutal "ℓ" :

- Depende de "*n*" y sus valores son números enteros que varían entre 0 y (*n*-1). Así para *n*=1 sólo hay un valor posible que es ℓ =0. Para *n*=2 hay dos valores de ℓ: 0 y 1. Para *n*=3 hay tres valores posibles: 0, 1 y 2.
- Generalmente el valor de ℓ se representa por una letra en vez de usar su valor numérico, como se muestra en la siguiente tabla:

ℓ	0	1	2	3	4	5
nombre del orbital	s	p	d	f	g	h

Este número cuántico define la forma del orbital, de modo que por ejemplo cuando ℓ =0, el orbital tiene forma esférica; cuando ℓ =1, el orbital es un orbital tipo p y tiene forma de dos lóbulos simétricos; cuando ℓ =2, el orbital es un orbital tipo d y tiene una forma más compleja con cuatro lóbulos y nodos adicionales.

El número cuántico magnético "m_ℓ"

- El valor del número cuántico magnético depende de ℓ. Toma valores enteros entre -ℓ y+ℓ, incluyendo el valor cero. Para un determinado valor de ℓ hay (2 ℓ +1) valores de m_ℓ.
- Describe la orientación del orbital en el espacio.

Veamos los diferentes orbitales que podemos tener para n=3. Tendremos entonces tres valores de ℓ: 0,1 y 2. Los valores de m_ℓ para cada valor de ℓ se muestran en la tabla 2. Los orbitales que comparten los valores de n y ℓ se dicen que pertenecen al mismo subnivel y todos los orbitales con el mismo valor de n forman un nivel.

TABLA 2

ℓ (define la forma)	Subnivel	m_ℓ (define orientación)	N^o de orbitales en el subnivel
0	3s	0	1
1	3p	-1,0,1	3
2	3d	-2,-1,0,1,2	5

Espín del Electrón

Al agregar el concepto de espín de una partícula como el electrón, aparece un cuarto número cuántico para caracterizar el estado de un sistema atómico. Inicialmente este concepto se formuló en base a una analogía con los movimientos de rotación en nuestro sistema planetario. En particular, sabemos que la tierra además de efectuar un movimiento orbital alrededor del Sol, gira alrededor de su eje. Sin embargo esta es solo una visión intuitiva y para justificar teóricamente el concepto de espín se requiere usar el formalismo de la Mecánica Cuántica, como lo hizo el físico británico Paul Dirac al formular la ecuación que lleva su nombre y que incluye efectos relativistas, lo que está fuera del alcance de un curso introductorio como es el propósito de estos apuntes.

Además se debe considerar que el giro de un electrón sobre sí mismo no se puede describir como asociado a una partícula esférica ya que no se conoce la estructura interna del electrón. Dentro del modelo estándar de la física de partículas, los electrones se consideran partículas puntuales, lo que significa que no tienen una estructura interna que se pueda describir en términos de componentes más pequeños.

El concepto de espín de una partícula como el electrón fue introducido en 1925 por el físico alemán-estadounidense Ralph Kronig y en forma independiente por los físicos neerlandeses George Uhlenbeck y Samuel Goudsmit. Estos dos últimos físicos descubrieron que añadiendo un número cuántico adicional, correspondiente al espín, se lograba interpretar en mejor forma los espectros de radiación emitida en las transiciones entre estados cuánticos con respecto a lo que se podía lograr con la teoría cuántica existente hasta entonces. La primera evidencia experimental de la existencia de esta propiedad llamada espín fue obtenida a través del experimento realizado en 1922 por los físicos alemanes Otto Stern y Walther Gerlach, quienes al hacer pasar un haz de átomos de plata a través de una región con un campo magnético no uniforme, detectaron que el haz incidente se dividió en dos haces. La interpretación del resultado de este experimento fue formulada en 1927 [14].

Los trabajos de estos investigadores, constituyen el fundamento para postular la existencia de un momento angular intrínseco $\vec{S}$ del electrón, llamado Espín (del inglés "spin" equivalente a giro). Posteriormente este concepto se amplió como una propiedad de todas las partículas subatómicas, tales como los protones, neutrones y las antipartículas.

La magnitud del espín $\vec{S}$ se describe con el número cuántico s que sólo puede tomar el valor $s = 1/2$.

$$S^2 = \vec{S} \cdot \vec{S} = s(s + 1)\hbar^2 \qquad (22)$$

La componente S_z está determinada por $S_z = m_s \hbar$ en que el número cuántico m_s sólo puede tomar valores $\pm 1/2$

Ejemplo 12. Desdoblamiento niveles de energía por espín

La posibilidad de dos orientaciones del espín del electrón respecto al momento angular orbital explica la llamada "estructura hiperfina" de los niveles de energía del átomo de un átomo como el hidrógeno. Esto implica que los valores de energía no están únicamente determinados por el número cuántico n de acuerdo a la ecuación (20).

Como ejemplo, consideremos el estado base del átomo de hidrógeno que corresponde a los números cuánticos $n = 1, \ell = 0, m_\ell = 0, m_s = \pm 1/2$.

La presencia de hidrógeno en nuestra galaxia, ha sido detectada a través de la observación de una línea espectral correspondiente a una longitud de onda de 21 cm en la medición del espectro de radiación. Esta línea proviene de la transición entre los dos subniveles 1s del estado fundamental del hidrógeno, ligeramente divididos por la interacción entre el espín del electrón con el espín del núcleo. A esta división se le llama estructura hiperfina. De acuerdo a la ec. (20) la energía del estado base del átomo de hidrógeno es -13,6 eV y debido a esta interacción para este estado se detectan dos subniveles de energía correspondientes a $m_s = +1/2$ y a $m_s = -1/2$ con una diferencia entre ellos del orden de $6 \cdot 10^{-6}$ eV como se esquematiza en la figura 12. ¿Cuál es la longitud de onda que se mediría en una transición entre estos dos subestados?

Solución

La diferencia de energía ΔE entre estos subniveles es de aproximadamente $6 \cdot 10^{-6}$ eV.

Por lo tanto la longitud de onda de la radiación emitida para una transición entre el subnivel con $m_s = +\frac{1}{2}$ y el subnivel con $m_s = -1/2$ se obtiene de

$$\lambda = \frac{hc}{\Delta E} = \frac{1240 \ [eV \cdot nm]}{6 \cdot 10^{-6} \ eV} = 207 \cdot 10^6 \ nm \ ,$$

lo que equivale aproximadamente a 21 cm o a una correspondiente frecuencia de

$$\nu = c/\lambda = 3 \cdot 10^8 / 0,21 = 1,43 \ \ \text{GHz}$$

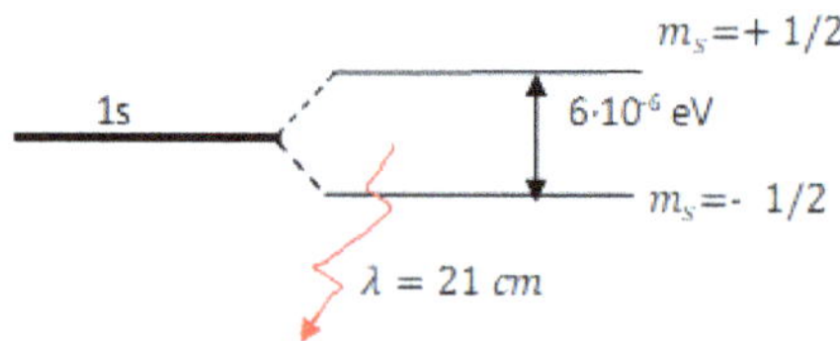

Figura 12. Esquema de la transición correspondiente a la Estructura Hiperfina del átomo de Hidrógeno

Principio de Exclusión y Configuración Electrónica

En 1925 el físico alemán Wolfgang Pauli, postuló que no puede haber partículas con espín semi-entero (llamadas fermiones) en un mismo estado, es decir, que tengan conjuntos idénticos de números cuánticos $\{n, l, m_l, m_s\}$. Al menos deben tener diferente uno de estos cuatro números.

Históricamente el principio de exclusión de Pauli fue formulado para explicar la estructura de los átomos y la organización de la tabla periódica, y consistía en imponer una restricción sobre la distribución de los electrones en los diferentes estados cuánticos. Posteriormente, el análisis de sistemas de partículas idénticas llevó a la conclusión que existían dos tipos de partículas: Fermiones, que satisfarían el principio de Pauli, y Bosones, que no lo satisfarían.

En esta sección nos focalizaremos en explicar cómo el principio de exclusión es fundamental para determinar la configuración atómica, es decir la forma en que los electrones se distribuyen en los diferentes estados cuánticos determinados por el conjunto de números $\{n, l, m_l, m_s\}$ que hemos mencionado precedentemente.

El principio de exclusión de Pauli establece que dos electrones en un átomo no pueden tener iguales estos mismos cuatro números cuánticos, debiendo al menos diferir en uno de ellos.

Para átomos con más de un electrón los orbitales atómicos tienen una forma similar a la de los orbitales del átomo de hidrógeno, pero la presencia de más de un electrón afecta a los valores de energía de los diferentes estados cuánticos debido a la repulsión entre dos electrones. Así por ejemplo el orbital 2s tiene un valor de energía menor que los orbitales 2p para átomos con más de un electrón.

Si ahora consideramos el cuarto número cuántico m_s que corresponde a la proyección en el eje **z** del momentum angular intrínseco del electrón, o espín, y considerando que este número solo puede tomar los valores +1/2 o -1/2, concluimos que a lo más un orbital atómico sólo puede estar ocupado por dos electrones con valores opuestos de m_s.

Ejemplo 13. Configuración electrónica del Litio.

Este elemento tiene número atómico Z=3, por lo cual tiene tres electrones. Comencemos llenando el orbital de menor energía con dos electrones, los que deben tener distinto valor de m_s. El electrón restante debe ocupar el orbital 2s que es el siguiente con menor energía. Con esto, la distribución de electrones en este átomo se escribe usualmente como **1s²2s¹**. Esta simbología significa que en el nivel de energía correspondiente a *n=1*, hay dos electrones con *l=0* y espín opuesto, en tanto que en el nivel de energía correspondiente a *n=2*, hay un solo electrón con $l = 1$.

En la tabla 3 se muestra configuración electrónica de algunos átomos a medida que aumenta su número atómico.

TABLA 3

Elemento	Número atómico	Configuración electrónica	1s	2s	2p	3s
H (hidrógeno)	1	$1s^1$	↑			
He (Helio)	2	$1s^2$	↑↓			
Li (Litio)	3	$1s^2\,2s^1$	↑↓	↑		
Be (Berilio)	4	$1s^2\,2s^2$	↑↑	↑↓		
B (Boro)	5	$1s^2\,2s^2\,2p^1$	↑↓	↑↓	↑	
C (Carbono)	6	$1s^2\,2s^2\,2p^2$	↑↓	↑↓	↑	↑

Del análisis de esta tabla se puede deducir lo siguiente:

En el helio se completa el primer nivel (*n=1*), lo que hace que la configuración del He sea muy estable.

Para el Boro el quinto electrón se sitúa en un orbital 2p y al tener los tres orbitales 2p la misma energía puede ocupar cualquiera de ellos.

En el carbono el sexto electrón podría ocupar el mimo orbital que el quinto u otro distinto. La respuesta nos la da la llamada **Regla de Hund**: *la distribución más estable de los electrones en los subniveles es aquella que tenga el mayor número de espines paralelos.*

Los electrones se repelen entre sí y al ocupar distintos orbitales pueden situarse más lejos uno del otro. Así el carbono en su estado de mínima energía tiene dos electrones desapareados, los que se ubican en los orbitales 2p y 2s, respectivamente. El nitrógeno tiene 3 electrones desapareados (la configuración electrónica de este átomo es $1s^2 2s^2 2p^3$).

A los electrones que se ubican en un nivel incompleto se les denomina ***electrones de valencia***.

Los conceptos aquí presentados constituyen el fundamento de la tabla periódica de los elementos, que está estructurada de modo que todos los átomos de una columna tienen los mismos electrones de valencia. Para mayores detalles se recomienda al lector revisar el apéndice C de referencia [4].

En la figura 13 se muestra algunas transiciones posibles entre los estados de espín para los átomos de Berilio (Be) y Boro (B).

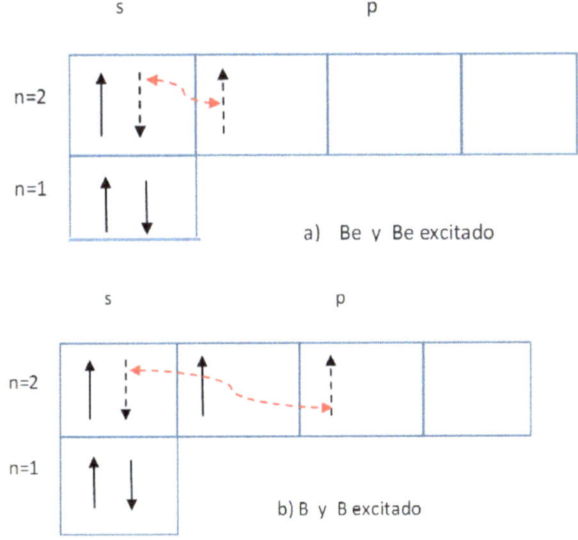

Figura 13. Transiciones de estados de espín para los átomos de Be y B.

Conceptos Básicos sobre Moléculas

Introducción

Consideremos la siguiente pregunta: *¿Qué es una molécula?*

Una primera respuesta que podríamos dar es: Una molécula es un grupo de átomos ligados mediante algún tipo de interacción.

Pero si esta respuesta fuera correcta, surgen las siguientes preguntas:

¿Qué tipo de interacciones? ¿Conservan los átomos su individualidad? ¿Cómo se ve afectado el movimiento electrónico al formarse una molécula?

Intentemos una segunda respuesta posible: Una molécula es un grupo de núcleos rodeados de electrones de modo que se produce una distribución estable.

Así por ejemplo, la molécula de Hidrógeno se podría considerar como dos protones más dos electrones dispuestos según las leyes de la Mecánica Cuántica y mantenidos juntos por fuerzas electromagnéticas.

3° Posición intermedia:

Cuando dos átomos se combinan para formar una sola molécula los electrones más fuertemente ligados en cada átomo, prácticamente no cambian su comportamiento.

Los electrones más externos o de valencia son afectados por el exterior. Son responsables de la unión química y de la mayoría de las propiedades físicas de la molécula.

Tipos de enlaces

Enlace Heteropolar o Iónico

Un enlace heteropolar se presenta entre dos átomos cuando uno de ellos tiene una energía de ionización baja, lo que implica que tiende a ser un ion positivo.

El otro átomo tiene una afinidad electrónica alta, con lo cual tiene tendencia a transformarse en un ion negativo.

La energía de ionización de un elemento es la energía necesaria para extraer un electrón de uno de sus átomos. En la tabla 4 se muestran valores de esta energía para algunos átomos.

TABLA 4

<u>Algunos valores de energía de ionización en eV</u>

Li	Be	B	C	Na	K
5,4	9,3	8,3	11,3	5,1	4,3

Un átomo como el Li, Na o K tiene un único electrón en su capa más externa. Los electrones de las capas más internas apantallan parcialmente al electrón exterior de la carga $+Ze$ del núcleo, con lo cual la carga efectiva que mantiene a este electrón en dicho átomo es $+e$. Esto implica que es relativamente fácil extraer un electrón de átomos alcalinos como éste.

Al ser mayores los átomos (mayor Z), los electrones externos se encuentran más alejados del núcleo, por lo cual la fuerza electrostática más débil.

Por ejemplo:

Li tiene $Z = 3$: $1s^2 \, 2s^1$

K tiene $Z = 19$: $1s^2 \, 2s^2 \, 2p^6 \, 3s^2 \, 3d^6 \, 4s^1$

En el potasio (K) el electrón externo está más alejado del núcleo al comparar con el litio (Li).

¿Porqué la energía de ionización del Be es mayor que la del Li?

Respuesta:

La configuración electrónica del Berilio (Be) es

$$Be^4 \;:\; 1s^2\, 2s^2$$

Los electrones más externos del núcleo de Berilio están sujetos a una carga efectiva de $+\,2e$; en cambio en el núcleo de Li a una carga efectiva $+e$. Esto explica porqué la energía de ionización del Be es mayor que la correspondiente al Li.

Por otra parte los átomos llamados halógenos (F, Cl, Br por ejemplo) tienden a completar una subcapa externa aceptando un electrón.

La afinidad electrónica de un elemento es la energía liberada al añadir un electrón al átomo. A mayor afinidad electrónica más fuertemente unido queda el electrón que se adiciona. La tabla 5 muestra la afinidad electrónica de algunos halógenos.

TABLA 5

Afinidades electrónicas de halógenos (eV)			
F	**Cl**	**Br**	**I**
3,6	**3,8**	**3,5**	**3,2**

Como ejemplo, consideremos un átomo de Na y otro de Cl infinitamente separados y analicemos el balance energético para formar una molécula de NaCl:

1° Extracción del electrón exterior del Na

$$\mathbf{Na \;+\; 5{,}1\ eV \;\rightarrow\; Na^+ \;+\; e^-}$$

2° transferencia de este electrón al Cl

$$\mathbf{Cl \;+\; e^- \;\rightarrow\; Cl^- \;+\; 3{,}8\ eV}$$

Combinando los dos procesos anteriores se tiene que la reacción resultante es:

$$\mathbf{Na \;+Cl\; +1{,}3\ eV \;\rightarrow\; Na^+ \;+\; Cl^-}$$

¿Qué sucede cuando la atracción electrostática entre los iones Na^+ y Cl^- los acerca hasta una distancia de 4 A° ?

La energía desprendida para este caso corresponde al trabajo efectuado para acercar a estos iones hasta una distancia r_o =4 A° estando inicialmente separados por una distancia infinita. Este trabajo es igual a la diferencia de potencial entre los dos puntos correspondientes, con lo cual:

$$W = U(r_o) - U(r \to \infty) = \frac{e^2}{4\pi\varepsilon_o r} = 3{,}6\ eV$$

En forma esquemática tenemos:

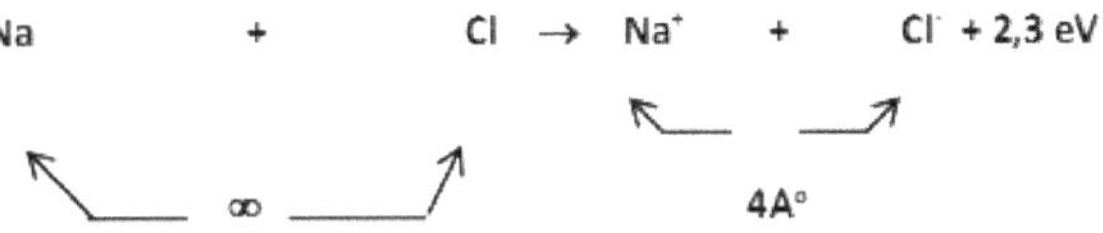

El proceso global produce una energía de 3,6 - 1,3 = 2,3 eV

Por lo tanto este proceso se resume así:

Por lo tanto, la molécula de NaCl resultante de la atracción electrostática de los iones Na^+ y Cl^- es estable ya que se requiere un aporte de energía para separarla en átomos de Na y Cl.

Enlace Covalente

Es un tipo de enlace que ocurre cuando dos átomos comparten uno o más pares de electrones pertenecientes a su capa de valencia o último nivel de energía. Se forma entre átomos que no tienen una gran diferencia de electronegatividad (capacidad de un átomo para atraer electrones hacia sí cuando forma un enlace químico con otro átomo) la que debe ser menor que 1,7 de acuerdo a la escala de Pauling (escala establecida por el físico estadounidense Linus Pauling) que es una clasificación de la electronegatividad de los átomos. En esta escala el elemento que presenta el valor más alto (mayor electronegatividad) es el Flúor (F) con 4 unidades Pauling, mientras que los valores más bajos (menor electronegatividad) corresponden al Cesio (Cs) y al Francio (Fr) con 0,7.

Los enlaces covalentes se producen entre átomos de un mismo elemento no metálico, entre distintos no metales y entre un no metal y el hidrógeno.

Dependiendo de la afinidad por los electrones que tenga cada átomo, existen tres tipos de enlace covalente: polar, no polar y coordinado.

Enlace covalente polar

El enlace covalente polar se forma entre dos átomos no metálicos que tienen una diferencia de electronegatividad entre 0,4 y 1,7. Cuando estos interactúan, los electrones compartidos se mantienen más próximo a aquel átomo más electronegativo. Algunos ejemplos de este tipo de enlace son las moléculas de agua (H2O) y el fluoruro de hidrógeno HF.

Enlace covalente no polar

Se establece entre átomos con igual electronegatividad. También se puede mantener entre átomos con una diferencia de electronegatividad menor que 0,4. Un ejemplo de este tipo de enlace es la molécula de cloro (Cl2).

Enlace covalente coordinado o dativo

Este tipo de enlace ocurre cuando uno de los átomos en la unión es el que aporta los electrones a compartir. Este caso ocurre por ejemplo en el caso del amoníaco NH_3, en que el átomo de nitrógeno comparte los tres electrones de la capa externa 2p con el electrón de cada uno de los átomos de hidrógeno, quedando disponible los dos electrones de la capa 2s para formar enlaces covalentes coordinados con otros átomos (recordar que la configuración electrónica del nitrógeno es $1s^2 2s^2 2p^3$). Si estos otros dos átomos fueran dos adicionales de hidrógeno se formaría la molécula NH5 que es inestable y poco común en condiciones normales.

Espectro de Radiación en Moléculas

En forma similar al caso de un átomo, los estados energéticos de una molécula están cuantizados, de modo que se emite radiación electromagnética cuando se produce una transición desde un estado excitado a otro estado de menor energía. También ocurre el proceso inverso, en el cual mediante absorción de radiación electromagnética se produce una transición desde un estado de menor energía a otro estado de mayor energía.

La energía de una molécula se puede desglosar en la siguiente forma: **electrónica,** debida al movimiento de los electrones; **vibratoria,** debida a las oscilaciones en las posiciones de los átomos de la molécula; y **rotacional**, debida a la rotación de la molécula alrededor de su centro de masas. Los rangos de valores de estas energías son suficientemente distintos, de modo que el análisis de las transiciones puede efectuarse por separado para cada tipo de transición Las energías debido a las excitaciones electrónicas son del orden de 1 eV, siendo comparables con el caso de los átomos. En cambio las energías de vibración y rotación son muy inferiores. En esta sección nos concentraremos en transiciones debido a estas dos formas de energía y por simplicidad consideraremos solo moléculas diatómicas.

Energía Vibracional

Los átomos que forman parte de las moléculas están en movimiento oscilatorio relativo, el cual se puede describir mediante un oscilador armónico cuántico, como veremos a continuación.

La figura 14 muestra la forma típica de la energía potencial de una molécula diatómica en función de la distancia interatómica:

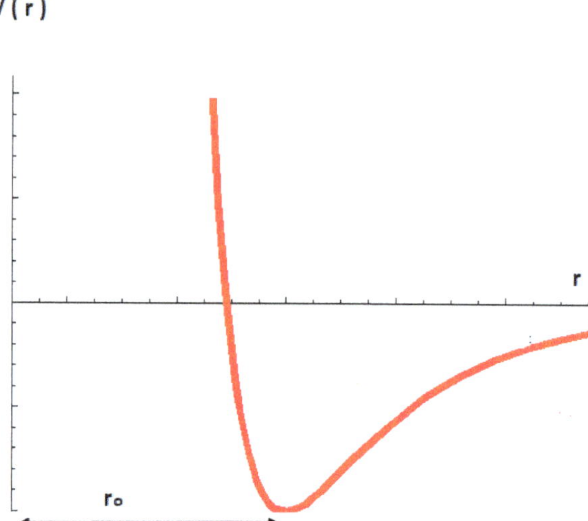

Figura 14. Energía potencial de una molécula diatómica en función de la separación entre los átomos que la forman.

En las proximidades del mínimo de la curva, se puede usar una aproximación parabólica tal como:

$$V \approx V_o + \frac{1}{2}k(r - r_o)^2 \qquad (23)$$

La fuerza interatómica se parece al caso de un oscilador armónico y está dada por:

$$F = -\frac{dV}{dr} = -k\,(r - r_o) \qquad (24)$$

En base a lo anterior, el movimiento vibracional de las moléculas se puede analizar como un *oscilador armónico cuántico*, obteniendo como resultado que las energías de vibración permitidas son:

$$E_n = h\nu = \left(n + \frac{1}{2}\right)h\nu_o \qquad (25)$$

, en que n=0,1,2,….. y ν_o es una frecuencia característica de cada molécula. Los valores típicos de esta frecuencia están en el rango entre 10^{13} a 10^{14} Hz. La ec. (25) indica que los valores de la energía no son continuas como ocurre en situaciones que pueden ser descritas por la Física Clásica. En cambio, a una escala de dimensiones submicroscópicas las vibraciones de partículas, como los átomos de una molécula, presentan solo valores discretos de energía. Este efecto se representa a través del modelo denominado como *oscilador armónico cuántico* lo que es analizado en detalle en textos como los indicados en referencias [13] y [16].

La radiación electromagnética emitida o absorbida en transiciones entre estados vibracionales de la mayoría de las moléculas diatómicas tiene valores de frecuencia que están en la región del infrarrojo del espectro electromagnético.

El estado más bajo de energía corresponde a *n=0* en la ec. (25) y el valor correspondiente no es cero como en el caso clásico, ya que tiene un valor $h\nu_o/2$.

Los estados más altos de energía de vibración de una molécula no obedecen a esta ecuación, porque no es válida la aproximación parabólica para ese caso, para el cual se debe usar modelos más complejos que consideren efectos anarmónicos, en que la energía potencial se expande en series de potencia. Este es un tema especializado fuera del alcance de estos apuntes por lo cual para mayor detalle al respecto, se sugiere al lector interesado revisar libros sobre Mecánica Cuántica Molecular.

Energía de Rotación

La molécula rota alrededor de su centro de masa, por lo cual tiene una energía cinética de rotación que también está cuantizada en la forma:

$$E_{rot} = \frac{\hbar^2}{2I} l(l + 1) \tag{26}$$

con l entero no negativo; I es el momento de inercia.

Este resultado se puede explicar considerando que clásicamente la energía de rotación de dos masas **m1** y **m2** separadas una distancia r_o y que rotan con respecto a un eje que pasa por el centro de masa es

$$E_{rot} = L^2/2I$$

, en que **L** es el momentum angular e **I** el momento de inercia con respecto al eje de rotación.

Recordando que de acuerdo a la solución de la ecuación de Schrödinger para un átomo como el hidrógeno, el momentum angular está cuantizado en la forma $L^2 = l(l + 1)\hbar^2$ se obtiene la expresión dada por la ec. (26).

Los espectros de la radiación electromagnética emitida o absorbida por transiciones entre niveles rotacionales puros se ubican en la región de las microondas o en el infrarrojo lejano.

Ejemplo 14. Rotación y oscilación de moléculas.

Consideremos la molécula de Oxígeno O2 formada por dos átomos idénticos cada uno con masa 15, 9949 u   (1 u es una unidad de masa atómica y equivale a $1{,}6606 \cdot 10^{-27}$ Kg). Para fines de este ejemplo asumiremos que el valor medio de la separación entre los átomos es $r_o = 0{,}1$ nm.

a) Determine la longitud de onda de la radiación incidente para que se produzca una transición desde el estado base rotacional al primer estado excitado.

b) Como se ha explicado precedentemente, además del movimiento rotacional respecto al centro de masa, los átomos de una molécula oscilan respecto a su posición de equilibrio. Para la molécula de oxígeno el estado vibracional $n=0$ tiene una energía de $0{,}194$ eV. Con la longitud de onda de la radiación calculada en la parte a), ¿es posible que ocurran transiciones entre estados vibracionales de esta molécula?

Solución

<u>Parte a)</u>

De acuerdo a la ec. (26) la diferencia de energía entre el primer estado rotacional excitado y el estado base es:

$$\Delta E_{rot} = \frac{\hbar^2}{2I}\{1(1+1) - 0(0+1)\} = \frac{\hbar^2}{I}$$

Para evaluar esta diferencia de energía se requiere conocer el momento de inercia respecto al centro de masa, el que se puede expresar de la siguiente forma en función de la separación r_o entre los átomos.

$$I = \mu r_o{}^2$$

, en que μ es la masa reducida que está dada por la siguiente expresión (* ver nota a continuación)

$$\mu = \frac{m_1 m_2}{(m_1 + m_2)} = m/2 \text{ para este caso por ser átomos idénticos.}$$

Por lo tanto, el momento de inercia respecto al centro de masa es

$$I = (15{,}9949 \cdot 1{,}6606 \cdot 10^{-27}/2\,) \cdot (0{,}1 \cdot 10^{-9})^2 = \quad 1{,}3281 * 10^{-46} \quad \text{Kg} \cdot \text{mt}^2$$

Por lo tanto $\Delta E_{rot} = \quad 8{,}3741 * 10^{-23} \quad$ Joule, equivalente a $\quad 0{,}000523 \quad$ eV

La longitud de onda que debe tener la radiación incidente para producir una transición desde el estado base rotacional al primer estado excitado se obtiene de

$$\Delta E_{rot} = \frac{hc}{\lambda} \Rightarrow \lambda = \frac{1240 \ eV \cdot nm}{0{,}000523 \ eV} = 2{,}3723 \cdot 10^6 \ nm \quad \text{equivalente a 2,37 milímetros.}$$

(*) Para el caso de dos partículas de masas m_1 y m_2 separadas una distancia r_o y que giran con respecto a un eje que pasa a través del centro de masa en forma perpendicular a una línea trazada entre ellas como se muestra en la siguiente figura, se tienen las siguientes relaciones:

$$m_1 r_1 = m_2 r_2 \quad \text{y} \quad r_o = r_1 + r_2$$

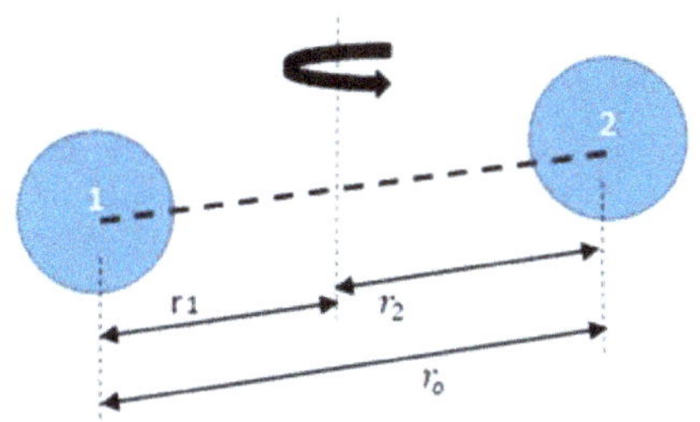

De estas relaciones se obtienen r_1 y r_2 en términos de r_o:

$$r_1 = \left(\frac{m_2}{m_1 + m_2}\right) r_o \quad , \quad r_2 = \left(\frac{m_1}{m_1 + m_2}\right) r_o$$

La expresión para el momento de inercia de este sistema con respecto a este eje es

$$I = m_1 r_1{}^2 + m_2 r_2{}^2$$

Reemplazando las penúltimas relaciones en esta última se obtiene que

$$I = m_1 r_1{}^2 + m_2 r_2{}^2 = \mu r_o{}^2$$

, en que $\mu = \frac{m_1 m_2}{(m_1 + m_2)}$ es la masa reducida.

<u>Parte b)</u>

De acuerdo a la ec. (25) la diferencia de energía entre niveles vecinos de oscilación corresponde a una energía $\Delta E = 0{,}194$ eV. Para que exista transición entre niveles se requiere que la radiación incidente tenga una longitud de onda máxima de

$$\lambda_{max} = \frac{hc}{\Delta E} = \frac{1240}{0{,}194} = 6392 \; nm$$

Este valor es ampliamente superado por el valor de longitud de onda calculado anteriormente que es de $2{,}3723 \cdot 10^6 \; nm$. Por lo tanto con esta radiación no se excitan modos vibracionales en la molécula de oxígeno.

Nociones sobre Mecánica Cuántica Estadística

La Mecánica Estadística es un área de las teorías de la física, que estudia sistemas con muchos grados de libertad y un gran número de partículas, como por ejemplo gases, líquidos y sólidos. El objetivo principal de la mecánica estadística es describir propiedades globales macroscópicas, tales como presión, temperatura y calor específico.

Para describir cómo se distribuyen las partículas en diferentes estados de energía la Mecánica Estadística usa distribuciones de probabilidad.

A temperaturas normales cercanas a la temperatura ambiente, es suficiente una descripción basada en la Mecánica Estadística Clásica ya que los efectos cuánticos no son relevantes. Sin embargo, a temperaturas extremadamente bajas o en sistemas de dimensiones muy pequeñas (inferiores a unos pocos nanómetros), se requiere usar la Mecánica Estadística Cuántica. Cuando la temperatura es muy alta, las distribuciones cuánticas se reducen a la distribución de Boltzmann clásica. En este límite, la Mecánica Estadística Cuántica se aproxima a la Mecánica Estadística Clásica.

En la Mecánica Estadística Clásica, mediante la distribución de Boltzmann se puede determinar cómo las partículas ocupan los diferentes estados de energía. A nivel subatómico, es necesario considerar distribuciones cuánticas como la de Fermi-Dirac para partículas como electrones y la de Bose-Einstein para los fotones.

Estos conceptos son fundamentales para entender fenómenos termodinámicos, como la transferencia de calor, la evolución de gases y el comportamiento de sistemas complejos.

En esta sección presentaremos en forma resumida los conceptos en que se basan la Mecánica Estadística Clásica y la Mecánica Estadística Cuántica.

Probabilidad de Ocupación de Estados

La Mecánica Estadística estudia sistemas como un gas o un sólido en que hay un número enorme de partículas en movimiento, por lo cual hay muchos grados de libertad (tales como velocidades, energías). Más que interesar lo qué ocurre con una determinada partícula, el análisis se focaliza en la determinación de propiedades globales macroscópicas, tales como temperatura, presión, calor específico.

Ejemplo 15. Número de formas en que se pueden distribuir N partículas en los diferentes estados cuánticos.

Supongamos que tenemos un conjunto de N partículas idénticas e indistinguibles, las que van ocupando gradualmente los estados disponibles.

Para comenzar el llenado del estado E1, podemos escoger la primera partícula entre N de ellas. La segunda partícula se puede escoger de N-1 modos posibles; la tercera partícula se puede escoger de N-2 maneras diferentes, …….., etc.

Por lo tanto, para colocar n_1 partículas en el estado E1 el número de modos distintos en que podemos hacerlo es $N!/(N - n_1)!$.

Sin embargo, tenemos $n_1!$ secuencias distintas con que podemos hacer el llenado de las n_1 partículas en el estado E1. Si por ejemplo suponemos que tres de estas partículas ocuparán el estado E1 de modo que $n_1 = 3$, las posibles secuencias de llenado son: abc, bca, cab, bac, acb y cba.

Por lo tanto, considerando lo anterior el número efectivo de modos disponibles para llenar el estado E1 con n_1 partículas es $N!/n_1! (N - n_1)!$.

Para el llenado del segundo estado (E2) disponemos de $N - n_1$ partículas. Con el mismo razonamiento anterior, obtenemos que el número efectivo de modos disponibles para llenar el estado E2 con n_2 partículas es $(N\text{-}n_1)!/n_2! (N - n_1 - n_2)!$.

Similarmente, para llenar el estado E3 con n_3 partículas, el número efectivo de modos disponibles es

$$(N\text{-}n_1 \text{-}n_2)!/n_3! (N - n_1 - n_2 - n_3)!$$

Por lo tanto, el número de formas en que se puede lograr la configuración $\{n_1(E1), n_1(E1), n_1(E1) \dots \}$ es

$$W = \frac{N!}{n_1!\, n_2!\, n_3! \dots \dots}$$

Como ilustración, consideremos 10 partículas a distribuir en cinco estados como se muestra en la siguiente figura:

En este caso el número de formas en que se puede lograr la configuración mostrada en la figura anterior es un número enorme igual a

$$g = \frac{10!}{3!\,0!\,2!\,1!\,4!} = 12600$$

En cursos especializados en Mecánica Estadística el estado del sistema se describe a través del concepto de ***Conjunto Estadístico*** o ***Ensemble***, considerando un número $\mathcal{M}$ muy grande de subsistemas en contacto, con intercambio de energía y/o partículas. Estos subsistemas podrían ser por ejemplo moléculas. Consideremos que cada uno de estos subsistemas puede estar en alguno de los estados que forman parte de un conjunto muy grande, de modo que en un cierto instante hay $\mathcal{M}_1$ subsistemas en el estado 1, $\mathcal{M}_2$ en el estado 2, ..., $\mathcal{M}_k$ en el estado k, ...etc,. Denotemos como N^k y E^k el número de partículas y energía, respectivamente, correspondientes al subsistema k.

La configuración de este conjunto estadístico para un cierto instante se define como el conjunto $\{\mathcal{M}_1, \mathcal{M}_2, \ldots \ldots, \mathcal{M}_k, \ldots\}$. Mediante un desarrollo similar al presentado en el ejemplo 15, se puede demostrar que considerando partículas idénticas e indistinguibles, el número total de permutaciones de subsistemas con el mismo estado es

$$g(\mathcal{M}_1, \mathcal{M}_2, \ldots \ldots, \mathcal{M}_k, \ldots) = \frac{\mathcal{M}!}{\mathcal{M}_1!\,\mathcal{M}_2!\ldots\mathcal{M}_k!\ldots} \qquad (27)$$

La determinación de los valores de $\mathcal{M}_k$ que maximizan la función g correspondiente a la ec. (27) permite determinar la probabilidad que el sistema se en encuentre en el estado k y ello es similar a la maximización de una función objetivo con las siguientes restricciones:

$$\sum_k \mathcal{M}_k = \mathcal{M} \qquad \underline{\text{Número fijo de subsistemas}}$$

$$\sum_k \mathcal{M}_k n_k = N \qquad \underline{\text{Número de partículas constante}}$$

$$\sum_k \mathcal{M}_k E_k = E \qquad \underline{\text{Energía total constante}}$$

En estas expresiones y en las siguientes en esta sección, el subíndice k se usa para asociar esta energía con el momentum de la partícula con magnitud $p_k = \hbar k = h/\lambda$ (recordar lo que dijimos para la longitud de onda de de Broglie).

Maximizar el valor de g en la ecuación (27) equivale a maximizar su logaritmo natural, lo que simplifica el desarrollo, con lo cual usando el método de los multiplicadores de Lagrange se tiene que el problema equivale a encontrar el máximo de la función de Lagrange $\mathcal{L}$ dada por

$$\mathcal{L} = \ln g - \alpha \sum_k \mathcal{M}_k - \beta \sum_k \mathcal{M}_k E_k - \gamma \sum_k \mathcal{M}_k N_k \qquad (28)$$

, en que α es un parámetro que se ajusta de modo de asegurar que el número $\mathcal{M}$ de subsistemas es fijo; γ es un parámetro que se define como $-\mu/k_B T$ en que μ es el denominado potencial químico que regula el número de partículas del sistema y $k_B = 1{,}38065 \cdot 10^{-23} \frac{J}{K}$ es la constante de Boltmann. El parámetro β se relaciona con la temperatura en Kelvin en la forma $\beta = 1/k_B T$.

NOTA: Cabe señalar que el potencial químico μ se puede comparar conceptualmente con la temperatura, de modo que en equilibrio, así como la temperatura se iguala en sistemas que intercambian energía, μ se iguala en sistemas que intercambian partículas. Para los fines presentados aquí, podemos considerar que μ es un parámetro que permite mantener fijo el número total de partículas ante cambios de otras variables macroscópicas, como por ejemplo la temperatura.

De $\frac{\partial \mathcal{L}}{\partial \mathcal{M}_k} = 0$ se obtiene $\mathcal{M}_k = e^{-\alpha} e^{-\beta E_k} e^{-\gamma N_k} = e^{-\alpha} e^{-\beta(E_k - \mu N_k)}$, con lo cual la probabilidad que el sistema se encuentre en el estado k es

$$P(k) = \frac{\mathcal{M}_k}{\mathcal{M}} = \left(e^{-\alpha} e^{\beta \mu N_k} \right) e^{-\beta E_k} \qquad (29)$$

Para obtener esta expresión se ha considerado que para un valor muy grande de un número entero M el logaritmo natural de M! se puede aproximar mediante la siguiente fórmula que corresponde a la llamada *aproximación de Stirling* para un número M muy grande según la cual

$$lnM! \approx MlnM - M$$

Estadística Clásica

De acuerdo a esta estadística, la probabilidad de encontrar una partícula en un estado específico a una temperatura dada, se basa en la idea de que los estados de energía más bajos son los más probables de ser ocupados, de modo que la probabilidad de que el sistema se encuentre en un estado con energía E según la teoría estadística clásica de Maxwell- Boltzmann está dada por

$$P(E) = Constante \cdot e^{-E/k_B T} \tag{30}$$

Para un gas de N partículas idénticas en movimiento, que pueden ser moléculas cada una de masa m, en base a esta estadística se obtiene que la fracción de partículas con velocidad $\vec{v}$ en el rango $d^3\vec{v} = \{dv_x, dv_y, dv_z\}$ está determinada por la distribución de Maxwell-Boltzmann:

$$\frac{dN}{N} = \wp(\vec{v})d^3v = \left(\frac{m}{2\pi k_B T}\right)^{3/2} e^{-mv^2/2k_B T} d^3v \tag{31}$$

El factor $(m/2\pi k_B T)^{3/2}$ de la ecuación (31) considera que la Estadística Clásica es aplicable para el caso de un gas muy diluido, de modo que la mayor parte de los estados está desocupada. Esta ecuación se demuestra a continuación.

Demostración de la distribución de Maxwell-Boltzmann

Sea N el número de partículas de una gas muy diluído, de modo que la distribución entre los estados con energía E=$mv^2/2$es proporcional a $e^{-mv^2/2k_B T}$. Esto implica que en términos de componentes de velocidad en las direcciones x, y, z se debe cumplir que

$$N = C \cdot \int dv_x dv_y dv_z \, e^{-mv^2/2k_B T}$$

, en que $dv_x dv_y dv_z = d^3v$ y C es una constante a determinar.

Al integrar en todas las direcciones de la velocidad y asumiendo simetría esférica se tiene que

$$N = C \cdot \int d^3v \, e^{-\frac{mv^2}{2k_B T}} = C \cdot \int dv \, 4\pi v^2 \, e^{-\frac{mv^2}{2k_B T}}$$

La integral de la expresión anterior se puede resolver efectuando el cambio de variable

$$v^2 = \frac{2k_BT}{m}z^2$$

Con esto se obtiene

$$N = C \cdot \int dv\, 4\pi v^2\, e^{-\frac{mv^2}{2k_BT}} = C\, 4\pi \left(\frac{2k_BT}{m}\right)^{3/2} \int dz\, z^2\, e^{-z^2}$$

De lo anterior se obtiene que la constante C es igual a $N\left(\frac{m}{2\pi k_BT}\right)^{3/2}$, con lo cual se demuestra la ecuación (31). En la siguiente figura se muestra en forma cualitativa como varía la distribución de probabilidad de velocidad al aumentar la temperatura, observando que el rango de velocidades probables aumenta, al igual que el valor medio.

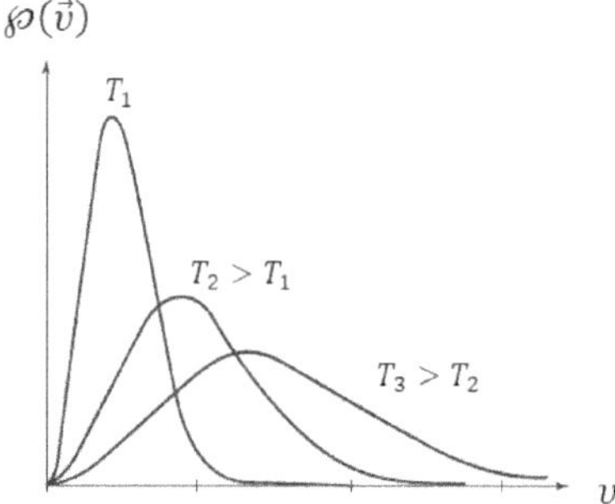

De la ecuación (31) se obtiene además que la energía promedio por partícula es $3k_BT/2$, resultado que se demuestra a continuación.

<u>Energía media por partícula</u>

De la ecuación (31) al integrar en las tres direcciones del vector velocidad y asumiendo simetría esférica, se tiene que

$$\wp(\vec{v})d^3v = \wp(\vec{v})4\pi v^2 dv = P(v)dv$$

Considerando que la energía de una partícula de masa m que se mueve en forma libre con velocidad de magnitud v es $mv^2/2$, la energía promedio por partícula se obtiene de

$$\bar{E}_{partícula} = \int_0^\infty \left(\frac{1}{2}mv^2\right) P(v)\, dv = \left(\frac{m}{2\pi k_B T}\right)^{3/2} \left(\frac{1}{2}m\right) \int_0^\infty e^{-mv^2/2k_B T}\, 4\pi v^4 dv$$

Para hacer la integración efectuamos cambio de variable de modo que:

$$\frac{mv^2}{2k_B T} = z^2 \Rightarrow v^4 dv = \left(\frac{2k_B T}{m}\right)^{5/2} dz$$

con lo cual

$$\bar{E}_{partícula} = 4\pi \left(\frac{m}{2\pi k_B T}\right)^{3/2} \left(\frac{1}{2}m\right) \left(\frac{2k_B T}{m}\right)^{5/2} \int_0^\infty e^{-z^2} z^4 dz$$

La integral de esta última expresión es $3\sqrt{\pi}/8$ con lo cual

$$\bar{E}_{partícula} = 3k_B T/2$$

Estadística de Fermi-Dirac

En la estadística de Fermi-Dirac las partículas del gas se conocen como fermiones y cumplen el *Principio de Exclusión de Pauli*, de modo que en cada estado cuántico no puede hallarse más de un fermión. Por lo tanto, de acuerdo a este principio el número de partículas en el estado k puede ser cero o 1, es decir $N_k = 0$ ó 1.

En consecuencia, de la ecuación (29) se deduce que el número promedio de partículas en el estado k es

$$\langle N_k \rangle = \frac{\sum_k \wp(k) N_k}{\sum_k \wp(k)} = \frac{\wp(0)\cdot 0 + \wp(1)\cdot 1}{\wp(0) + \wp(1)} = \frac{e^{-\beta(E_k - \mu)}}{1 + e^{-\beta(E_k - \mu)}} = \frac{1}{e^{\beta(E_k - \mu)} + 1} \tag{32}$$

Esta es la distribución de Fermi-Dirac aplicable al caso del sistema de electrones libres en un metal, los que se pueden representar como un **gas de fermiones**. La descripción estadística considera el Principio de Exclusión y la conservación de la cantidad total de electrones.

Esta estadística permite estudiar propiedades como la conducción eléctrica en metales y en semiconductores (un semiconductor es un elemento que se comporta ya sea como un conductor o bien como un aislante, dependiendo de factores tales como presencia de campo eléctrico o magnético, presión y temperatura). En particular, para los electrones que se desplazan libremente a través de un metal en una condición teórica límite en que se alcanza una temperatura T=0 Kelvin, son posibles todos los estado con energía menor que un valor característico denominado energía de Fermi E_F que depende del parámetro n_e que es el número de electrones libres por unidad de volumen. Esto se ilustra en la figura 15.

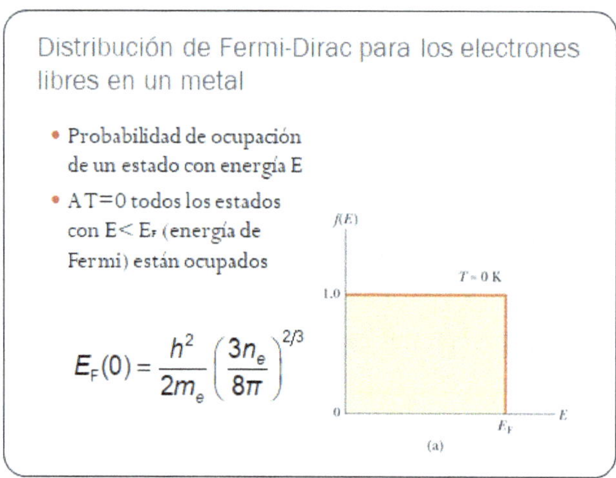

$$E_F(0) = \frac{h^2}{2m_e}\left(\frac{3n_e}{8\pi}\right)^{2/3}$$

Figura 15. Distribución de Fermi-Dirac para un gas de electrones libres a temperatura cero Kelvin, sin considerar interacciones entre ellos.

A medida que aumenta la temperatura la distribución de probabilidad de estados de energía cambia en la forma en que se muestra en la figura 16.

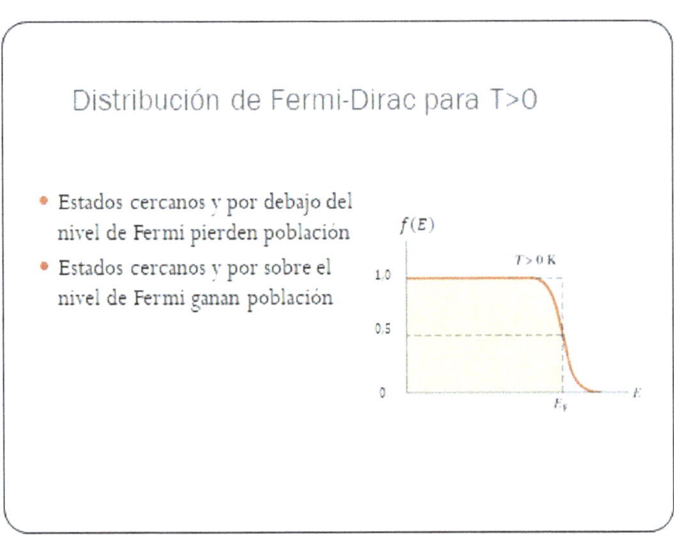

Figura 16. Efecto sobre la distribución de energía al aumentar la temperatura para un gas de electrones libres.

En la tabla 6 se muestran valores de densidad de electrones libres y Energía de Fermi para algunos metales [15].

Tabla 6. Energía de Fermi para algunos metales a 300 K.

Metal	Densidad electrones libres (por metro cúbico)	Energía de Fermi
Li	$4{,}70 \cdot 10^{28}$	4,72
Na	$2{,}65 \cdot 10^{28}$	3,23
K	$1{,}40 \cdot 10^{28}$	2,12
Cu	$8{,}49 \cdot 10^{28}$	7,05
Ag	$5{,}85 \cdot 10^{28}$	5,48
Au	$5{,}90 \cdot 10^{28}$	5,53

Ejemplo 16. Deducción de la expresión para la Energía de Fermi

Asumiendo que el cristal es infinito y que se puede ignorar la influencia de otros contornos, consideramos que la solución de la ecuación de Schrödinger en tres dimensiones para una partícula libre es

$$\psi_{\vec{k}}(\vec{r}) = A\, exp\big(i\vec{k}\cdot\vec{r}\big)$$

Por simetría de la red cristalina, esta solución debe satisfacer las siguientes condiciones de periodicidad

$$\psi_{\vec{k}}(x+L,y,z) = \psi_{\vec{k}}(x,y,z),\ \psi_{\vec{k}}(x,y+L,z) = \psi_{\vec{k}}(x,y,z),\ \psi_{\vec{k}}(x,y,z+L) = \psi_{\vec{k}}(x,y,z)$$

, en que L es el lado de un cubo imaginario en que consideramos está contenida la onda de materia asociada a cada electrón del gas. Para cumplir con la condición de periodicidad, las componentes del vector $\vec{k}$ a su vez deben satisfacer lo siguiente:

$$k_x = n_x\frac{2\pi}{L}\ ,\ k_y = n_y\frac{2\pi}{L},\ k_z = n_z\frac{2\pi}{L}$$

En que n_x , n_y y n_z son enteros positivos o negativos.

Con esta solución se obtiene que la energía correspondiente al estado con vector de onda $\vec{k}$ es

$$E_k = \frac{\hbar^2 k^2}{2m} = \frac{\hbar^2}{2m}\big(k_x{}^2 + k_y{}^2 + k_z{}^2\big)$$

De las relaciones anteriores se observa que en el espacio $\vec{k}$ con ejes k_x, k_y, k_z , la unidad de volumen es $(2\pi/L)^3$.

En el estado de menor energía todos los estados ocupados se ubican en el interior de una esfera de radio k_F con energía $E_F = \dfrac{\hbar^2 k_F{}^2}{2m}$ que es la energía de Fermi. Por lo tanto, en la esfera de Fermi con volumen $4\pi k_F{}^3/3$ el número total de estados es

$$N = 2\cdot\frac{\frac{4\pi k_F{}^3}{3}}{(2\pi/L)^3} = \frac{V}{3\pi^2}k_F{}^3,\ \text{en que } V = L^3.$$

En la expresión anterior se ha incluido un factor 2 considerando las dos orientaciones posibles del espín del electrón.

Considerando que por el principio de exclusión que deben cumplir los electrones, cada uno de ellos ocupa uno y solo un estado, N es igual al número de electrones del gas.

De esta última relación se obtiene que

$$
\begin{aligned}
\hbar k_F &= \hbar(3\pi^2 N/V)^{1/3} \qquad &\textbf{Momentum de Fermi} \\
E_F &= \frac{\hbar^2}{2m}\left(\frac{3}{8\pi}\frac{N}{V}\right)^{2/3} \qquad &\textbf{Energía de Fermi}
\end{aligned}
\qquad (33)
$$

Ejemplo 17. Electrones en un metal

Estime el valor que tiene la velocidad con que se mueven los electrones de conducción en un material como el cobre.

Solución

A primera vista, el lector puede sentirse un tanto confundido al no tener datos algunos para efectuar un cálculo. Sin embargo, es útil recordar del concepto de la energía de Fermi que representa la máxima energía de un gas de electrones en un metal conductor a temperatura cero Kelvin que equivale a - 273,15 $^\circ$ C. Si consideramos un alambre de cobre de longitud 1 metro y sección transversal 5 mm^2 su resistencia es del orden de 3 [miliOhm] y para una corriente no superior a 1 [A] en un ambiente a 20 $^\circ$ C su temperatura no alcanza los 25 $^\circ$ C, lo que implica que para fines de una estimación podemos considerar que esta temperatura en Kelvin tiene un valor cuyo orden de magnitud se puede aproximar al caso en que se aplica la teoría simplificada del gas de electrones en un metal, y de esta forma, considerar que la energía de Fermi representa la energía cinética de los electrones de conducción. De acuerdo a la tabla 6 para el cobre esta energía es de 7,05 eV con lo cual la velocidad con que se mueven los electrones de conducción se calcula como

$$
v = \sqrt{\frac{2E_{Fermi}}{m_e c^2}}
$$

, en que m_e es la masa del electrón y considerando que esta se puede expresar como $0,511\ MeV/c^2$, se obtiene el siguiente valor para esta velocidad

$$v = c\sqrt{\frac{2E_{Fermi}}{m_e c^2}} = c\sqrt{\frac{2 \cdot 7{,}05}{0{,}511 \cdot 10^6}} = 1{,}58 \cdot 10^6 \; mt/seg$$

Estadística para Bosones

Como hemos señalado anteriormente, los bosones tienen espín entero y no cumplen el principio de exclusión de Pauli, lo que quiere decir que los números de ocupación de los estados cuánticos pueden tomar diferentes valores entre cero e infinito.

En el caso específico de los fotones, la estadística se obtiene a partir del postulado de Planck para la radiación emitida por un cuerpo caliente según el cual la energía tiene valores discretos ("cuantos" de energía) que son múltiplos de la frecuencia de modo que cada fotón es portador de una energía igual a $h\nu$ e que h es la constante de Planck.

Por otro lado, los bosones pueden dan lugar a un fenómeno conocido como Condensado de Bose-Einstein. El Condensado de Bose-Einstein es un estado de agregación de la materia formado por bosones enfriados hasta temperaturas cercanas a los 0 grados Kelvin, en el cual la gran mayoría de ellos ocupan el estado cuántico más bajo posible, es decir, el de menor energía. Esta situación puede ocurrir debido a que los bosones no cumplen el principio de exclusión de Pauli, con lo cual pueden compartir un mismo estado cuántico.

La estadística para los bosones se puede obtener a partir de la ecuación (29) como se indica a continuación. El número promedio de bosones en el estado k es

$$\langle N_k \rangle = \frac{\sum_k \wp(k) N_k}{\sum_k \wp(k)} = \frac{\sum_{N_k=1}^{\infty} N_k e^{-\beta(E_k-\mu)N_k}}{\sum_{N_k=1}^{\infty} e^{-\beta(E_k-\mu)N_k}} \tag{34}$$

En esta expresión se ha considerado que la energía del estado k con N_k partículas es $N_k E_k$. Cabe observar que en la ecuación (34) al sumar sobre los N_k estamos considerando el número de ocupación de estados con valores específicos para su energía E_k los que no varían al efectuar la suma. Por tal motivo, definiendo $\eta \equiv e^{-\beta(E_k-\mu)}$ y usando las propiedades de las series, se tiene que $\sum_{N_k=1}^{\infty} \eta^{N_k} = \frac{1}{1-\eta}$. Por lo tanto, el denominador de la ec. (34) es

$$Den = \sum_{N_k=1}^{\infty} e^{-\beta(E_k-\mu)N_k} = \frac{1}{1-e^{-\beta(E_k-\mu))}} = \frac{1}{1-\eta} \tag{35}$$

El numerador de la ec. (34) se puede reescribir como $Num = \sum_{N_k=1}^{\infty} N_k\, e^{-\beta(E_k-\mu)N_k} = \sum_{N_k=1}^{\infty} N_k\, \eta^{N_k}$. Derivando la ecuación (35) respecto a η

$$\frac{dDen}{d\eta} = \frac{1}{\eta}\sum_{N_k=1}^{\infty} N_k\, \eta^{N_k} = \frac{1}{(1-\eta)^2} \quad \Rightarrow \quad \sum_{N_k=1}^{\infty} N_k\, \eta^{N_k} = \frac{\eta}{(1-\eta)^2} \tag{36}$$

Combinando esta última ecuación con (34) y (35) se obtiene

$$\langle N_k \rangle = \frac{1}{e^{\beta(E_k-\mu))}-1} \tag{37}$$

En el caso específico de los fotones, la estadística se obtiene a partir del postulado de Planck para la radiación emitida por un cuerpo caliente, según el cual la energía tiene valores discretos ("cuantos" de energía) que son múltiplos de la frecuencia de modo que cada fotón es portador de una energía igual a $h\nu$ en que h es la constante de Planck y ν la frecuencia. De la ecuación (37) con $E_k = h\nu$ y considerando cero el potencial químico, ya que el número de fotones no es constante por lo cual no aplica en la ec. (28), se obtiene que el número promedio de cuantos con frecuencia ν es:

$$\langle n_k \rangle = \frac{1}{e^{h\nu/k_BT}-1} \tag{38}$$

Este resultado es el fundamento para determinar que el flujo de energía emitido por un cuerpo caliente a temperatura Kelvin T, por unidad de área de tiempo (*emisividad*) está dado por la expresión:

$$I = \frac{2\pi^5 k_B{}^4}{15h^3c^2}\,T^4 \tag{39}$$

<u>Intensidad de la radiación emitida por un cuerpo negro</u>

Los cuerpos calientes emiten radiación térmica, como es por ejemplo el caso de un fierro caliente que emite luz roja, o el caso del Sol que emite luz desde su superficie y esos permite los procesos biológicos gracias a los cuales hay vida en nuestro planeta. La emisión es en todas las frecuencias con un espectro característico cuya causa se asocia a la radiación producida por un cuerpo negro, llamado así para indicar que la emisión no es por reflexión ni dependiente de la estructura del material.

Para describir la energía asociada a esta radiación, consideramos una cavidad cúbica, de arista L en la cual esta radiación está confinada y usamos condiciones de periodicidad similares a las del gas de fermiones. Cada grado de libertad, o modo normal de oscilación del campo electromagnético, corresponde a una onda estacionaria que tiene un nodo en las paredes, de modo que L es igual a un número entero de longitudes de onda, es decir $L = entero \cdot \lambda$. Si identificamos cada modo normal por el valor del vector número de onda $\vec{k}$, entonces podemos asumir que en cada vértice de este cubo se debe cumplir que la fase de esta onda es cero o 2π, de modo que en las tres direcciones espaciales se cumple la condición de contorno:

$$k_j\,L = n_j\,2\pi, \text{ para } j = x,\, y,\, z$$

, siendo n_j un número entero positivo o negativo que denota a las componentes del vector $\vec{n} = \left(n_x, n_y, n_z\right)$.

De la relación $\vec{p} = \hbar\vec{k}$ entre momentum y vector número de onda, podemos expresar la ecuación anterior como

$$\vec{n} = \frac{\vec{p}}{h}\,L$$

En el espacio tridimensional con ejes n_x, n_y, n_z la punta de la flecha del vector $\vec{n}$ corresponde a un estado de momentum posible. El número de estados posibles se obtiene integrando en el espacio tridimensional con ejes n_x, n_y, n_z, con lo cual si usamos coordenadas esféricas con elemento de volumen $dN = d^3n = \frac{V}{h^3}d^3p = \frac{V}{h^3}4\pi p^2 dp$ y consideramos que la relación entre frecuencia y momentum es $p = h\nu/c$, se obtiene que por unidad de volumen el número de fotones con frecuencia entre ν y ν+dν es

$$4\pi\,\frac{\nu^2}{c^3}\,d\nu$$

Considerando los dos posibles estados de polarización del fotón y usando la distribución de Bose-Einstein, se obtiene que la densidad de energía de fotones por unidad de volumen con frecuencia entre ν y ν+dν para una temperatura T es

$$W = \frac{du}{d\nu} = 8\pi\,\frac{h\nu^3}{c^3}\,\frac{d\nu}{e^{h\nu/k_B T} - 1}$$

La densidad de energía en todo el rango de frecuencias se obtiene integrando entre 0 e ∞ con lo cual:

$$u = 8\pi\,\frac{h}{c^3}\int_0^\infty \frac{\nu^3 d\nu}{e^{h\nu/k_B T}-1} = \frac{8\pi^5}{15h^3c^3}(k_B T)^4 \tag{40}$$

Se observa que este resultado depende solo de la temperatura siendo independiente de la forma geométrica y del material de la cavidad en que la radiación está confinada. Si por simplicidad consideramos una forma esférica, por simetría podemos asumir que la densidad de energía en cada hemisferio es $u/2$. Los fotones asociados a la radiación emitida por este cuerpo negro tienen todos la velocidad c, constituyendo un flujo radial, como se esquematiza en la figura 17 en que se muestra un hemisferio con radio r a través del cual fluye la radiación de cuerpo negro emitida.

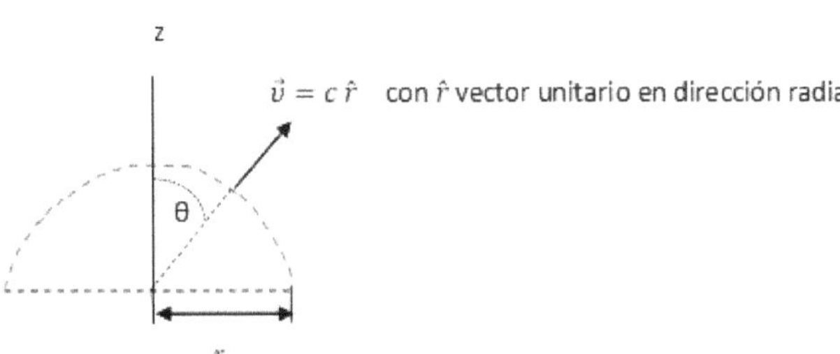

Figura 17. Flujo de la radiación de cuerpo negro a través del manto de un cuerpo semiesférico.

Considerando el flujo de energía emitido en una dirección en particular, por ejemplo en dirección paralela al eje z, tenemos que en esa dirección la velocidad de los fotones emitidos es $v_z = c\,cos\theta$ (podemos imaginar un pequeño orificio de forma cilíndrica cuyo eje es paralelo al eje z y a través del cual escapa la radiación). El valor medio de esta componente se obtiene de

$$\bar{v}_z\, 2\pi r^2 = \int_0^{2\pi} \int_{-\pi/2}^{\pi/2} c\,cos\theta\; r^2 sen\theta d\theta d\varphi \Rightarrow \bar{v}_z = c/2$$

Por lo tanto la intensidad de la radiación emitida (Energía/ Area·tiempo) o *emisividad* es

$$I = \frac{u}{2}\bar{v}_z = \frac{u}{2}\frac{c}{2} = \frac{uc}{4} = \sigma_{SB}T^4 \tag{41}$$

, que es la Ley de Stefan-Boltzman con $\sigma_{SB} = \dfrac{2\pi^5 k_B{}^4}{15 h^3 c^3}$.

Ejemplo 18. Radiación del sol representada como emitida por un cuerpo negro

El sol está a 150 millones de km de distancia de la tierra y su radio es de 700.000 Km. Si la radiación solar recibida en la tierra es de aproximadamente 1,5 kW/m^2, estime la temperatura de la superficie del sol.

Solución

Estrategia de solución:

Si consideramos al sol como una fuente que emite radiación en forma simétrica en todas las direcciones, podemos determinar en primer lugar la potencia correspondiente. A partir de ese valor podemos obtener la intensidad de la radiación en la superficie del sol y luego, usando la ley de Stefan-Boltzmann, determinamos la temperatura en su superficie.

Potencia emitida por el sol

A continuación calculamos la potencia emitida por el Sol y la relacionamos con la intensidad de la radiación solar recibida en la tierra, en la siguiente forma:

La intensidad de la radiación recibida en la tierra, I_{tierra}, se relaciona con la potencia emitida por el sol, P_S, como:

$$I_{tierra} = \frac{P_S}{4\pi D_{TS}^2}$$

, en que D_{TS} es la distancia entre la tierra y el sol. Reemplazando valores, se obtiene que la potencia emitida por el sol es aproximadamente $P_S = 40 \cdot 10^{19} \; MW$.

Si usamos un modelo ultra simplificado solo para fines de una estimación gruesa y asumimos que toda la radiación emitida se recibe en la tierra (ignorando pérdidas u absorción por otros planetas), la intensidad I_S en la superficie del sol se obtiene de:

$$I_S = \frac{P_S}{4\pi R_S^2}$$

, en que R_S es el radio del sol. Reemplazando valores se obtiene que $I_S = 7 \cdot 10^7 \; W/mt^2$.

De acuerdo a la ley de Stefan-Boltzmann (ecuación 41):

$$I_S = \sigma_{SB} T_S{}^4$$

, en que $\sigma_{SB} \approx 5{,}7 \cdot 10^{-8}$ W/$mt^2 \cdot K^4$. De esta última relación se obtiene que la temperatura en la superficie del sol es $T_S \approx 5900\ K$.

<u>Ley de Wien</u>

A medida que un cuerpo recibe calor desde una fuente su temperatura se eleva y podemos observar un cambio de color. A temperaturas relativamente bajas, como las de un metal frío, su radiación térmica corresponde esencialmente al espectro infrarrojo y no es visible para el ojo humano. A medida que aumenta la temperatura, el objeto comienza a emitir luz visible, primero como un débil resplandor rojizo, luego pasando por colores naranja, amarillos blanco y, finalmente, azul a temperaturas extremadamente altas. Este fenómeno se conoce como incandescencia y es un resultado directo de la *ley de desplazamiento de Wien*: a medida que la temperatura aumenta, la longitud de onda de máxima intensidad de la radiación se desplaza hacia longitudes de onda más cortas, cambiando el color percibido por el ojo humano. Esta ley fue descubierta por el físico alemán Wilhelm Wien en 1893 y su formulación matemática es

$$\nu_{max}/T = 5{,}875 * 10^{10}\ Hz/Kelvin$$

Donde:

- ν_{max} es la frecuencia para la cual la densidad de energía de fotones por unidad de volumen $W = du/d\nu$ es máxima.
- T es la temperatura del cuerpo negro en grados Kelvin.

Esta fórmula se deduce determinando la frecuencia para la cual $\dfrac{dW}{d\nu}$ se hace igual a cero. Se sugiere al lector hacer la deducción de esta última expresión.

La fórmula anterior indica que a medida que la temperatura aumenta, también lo hace la frecuencia correspondiente a la radiación observada, o en forma equivalente disminuye la longitud de onda, lo que explica el cambio de color mencionado.

Amplificación de luz por emisión estimulada de radiación-Laser

Introducción

En esta sección, mostramos los principios de un sistema Láser que significa "amplificación de luz por emisión estimulada de radiación" (en inglés *Light Amplification by Stimulated Emission of Radiation*). Este sistema funciona mediante un proceso llamado emisión estimulada que permite invertir la población de átomos excitados que forman parte de una muestra.

Para explicar esto último consideremos que tenemos un sistema de N átomos por unidad de volumen, de modo que de ellos hay N_1 átomos en el estado base con energía E_1 y N_2 átomos en el estado excitado con energía $E_2 > E_1$. De acuerdo a la estadística de Boltzmann, para una temperatura Kelvin T estos números se relacionan como $\frac{N_2}{N_1} = exp\left[-\frac{E_2-E_1}{k_B T}\right]$. En equilibrio termodinámico, el nivel con menor energía tendrá una población mayor con respecto al nivel excitado, por lo cual el sistema no emite fotones. Mediante una fuente de energía externa se puede lograr una inversión de población de modo que haya más átomos en el estado excitado y que un fotón incidente estimule la emisión de un segundo fotón con la misma fase, dirección y energía que el fotón incidente. De este modo se produce un proceso de emisión estimulada que provoca una cascada de fotones idénticos, lo que amplifica la señal inicial.

Este es el principio de operación de un láser, que es un dispositivo que produce luz coherente y altamente direccionable mediante el proceso de emisión estimulada de radiación, lo que resulta en un haz de luz intensa y monocromática. La "luz coherente" significa que todas las ondas de luz en el haz del láser están en fase, lo que quiere decir que las crestas y valles de las ondas están alineadas. Esto resulta en una luz que tiene propiedades de interferencia y difracción altamente controladas, lo que permite aplicaciones precisas como la holografía e interferometría. Por otro lado, "direccionable" significa que el haz de luz láser puede ser enfocado o dirigido con precisión a un punto específico, ya sea mediante lentes o espejos. Esta capacidad de dirigir el haz con precisión es fundamental para una variedad de aplicaciones, desde la cirugía láser hasta la comunicación óptica y el procesamiento de materiales.

En términos simples, un láser consta de tres componentes principales: un medio activo, una fuente de energía y un resonador óptico. El medio activo es típicamente un material (como un cristal o un gas) cuyos átomos pueden ser excitados a un estado de alta energía mediante la aplicación de energía externa, como luz o electricidad. Este medio activo contiene átomos o moléculas que tienen niveles de energía discretos, y cuando estos átomos o moléculas son excitados, pasan a un estado de mayor energía.

El resonador óptico, formado por dos espejos que encierran el medio activo, ayuda a amplificar y direccionar la luz generada por la emisión estimulada, permitiendo que los fotones se reflejen de un lado a otro a través del medio activo, estimulando continuamente la emisión de más fotones idénticos.

La Mecánica Estadística es el fundamento para controlar la distribución de los estados de energía de los átomos o moléculas en el medio activo, de modo de lograr la emisión estimulada de fotones coherentes y direccionales que constituyen la luz láser.

El haz de rayo láser tiene una serie de características de importancia para sus diversas aplicaciones tecnológicas. En primer lugar es una fuente de luz coherente, ya que la radiación producida por los átomos que experimentan las emisiones estimuladas están en fase con la radiación excitadora. Además, los haces de láser son muy angostos, aproximadamente paralelos y con muy poca divergencia angular. Pueden ser muy intensos y concentrar cantidades relativamente grandes de energía electromagnética en áreas muy pequeñas. Estas características permiten utilizarlos, por ejemplo, para perforar agujeros en metales, efectuar operaciones quirúrgicas como las destinadas a curación de retinas desprendidas y otras tareas que requieren de altas temperaturas creadas en áreas muy pequeñas.

Otra característica del haz láser es que es altamente monocromático y se puede transportar con facilidad por medio de fibras ópticas, lo que lo hace muy útil en sistemas de telecomunicaciones.

Descripción Fenomenológica

A continuación se presenta una explicación general en base al diagrama esquemático de la figura 18 en que se muestran dos niveles energéticos en un átomo: Un estado base (E1) y un estado excitado (E2). Si por alguna acción externa el electrón salta desde E1 hasta E2 y se deja libre, volverá en forma natural al estado base emitiendo un fotón de energía $hv_{12} = E_2 - E_1$.

Este tipo de transiciones produce una emisión de radiación llamada espontánea.

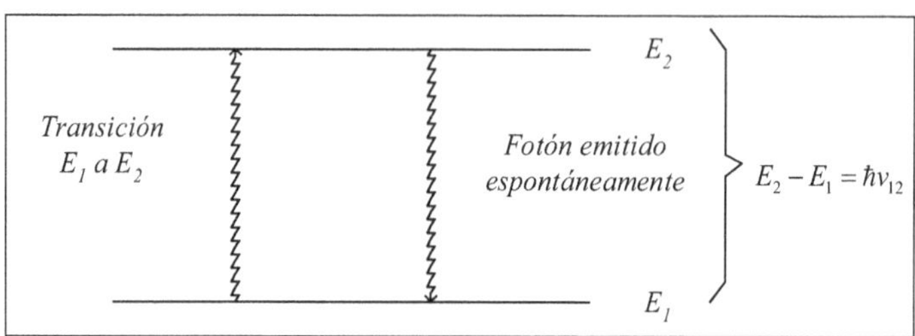

Figura 18. Emisión espontánea de radiación

Supongamos ahora que tenemos un recipiente con átomos y un haz de fotones, cada uno con energía $h v_{12}$. La Mecánica Cuántica permite predecir la probabilidad que un átomo absorba un fotón de este valor de energía, para una transición del estado 1 al estado 2. A este efecto se le llama Absorción Electromagnética.

En la figura 19 se muestra en forma esquemática el proceso de la **Emisión Estimulada,** fenómeno de intensificación de las transiciones desde el estado 2 al estado 1, que se logra cuando la frecuencia de la radiación incidente es muy próxima a v_{12} . Para ello se deben invertir las poblaciones de los dos niveles cuánticos de modo que el número de electrones en el estado 2, denotado como N_2, sea mayor que el número N_1 de electrones en el estado 1. Esta inversión de población se puede hacer de muchas maneras. Por ejemplo en un láser de gas con helio y neón se logra produciendo una descarga eléctrica en la mezcla de gases. En un láser de estado sólido de rubí se logra exponiendo al sistema a un pulso de luz muy intenso. En este caso hay tres niveles atómicos de energía involucrados, como se muestra en la figura 20. Los átomos se "bombean" inicialmente desde el estado de energía E_0 al estado de energía E_3 , por medio del pulso de luz externa. Este estado tiene una vida media muy baja, por lo cual se produce rápidamente un transición al nivel de energía E_2 cuya vida media es relativamente larga. Por lo tanto, el efecto neto es que se invierte la población y el número de electrones en el estado E_2 es mucho mayor que el correspondiente al estado E_1.

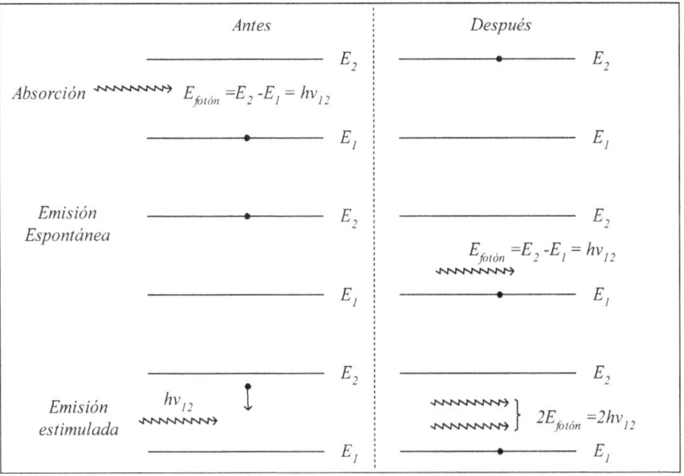

Figura 19. Esquema de la emisión estimulada

Con esta inversión de población de estados es posible lograr la emisión estimulada desde el estado E_2 introduciendo fotones de la frecuencia precisa v_{12} . En estas condiciones se absorbe muy poca energía para hacer pasar los átomos del estado 1 al 2 ya que esta transición es estimulada a medida que se emiten fotones de esta frecuencia. Este proceso genera un pulso poderoso e intenso de luz estimulada coherente. Para que los fotones emitidos estimulen al máximo la emisión de radiación, deben permanecer en el sistema durante un período relativamente largo en lugar de escapar inmediatamente. Este confinamiento se obtiene mediante espejos a ambos lados del sistema: uno totalmente reflectante y otro levemente transparente de modo que un pequeño porcentaje escape (del orden del 1% de los fotones incidentes). Los fotones que escapan a través del espejo constituyen el haz efectivo del láser.

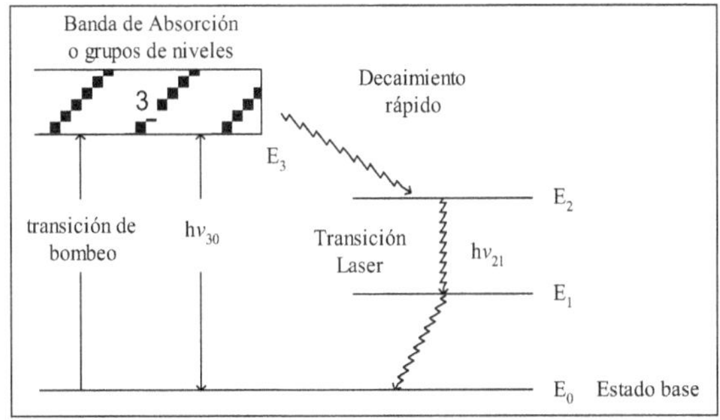

Figura 20. Ciclo Bombeo – Oscilación de un láser típico

De la figura 20 se deduce que por cada fotón de la transición laser la mínima energía de entrada es $h\nu_{30}$, por lo cual la eficiencia de este sistema es:

$$\eta(\%) = \frac{\nu_{21}}{\nu_{30}}$$

La eficiencia global efectiva de este laser depende de la fracción de la potencia total de bombeo que es efectiva en transferir átomos al nivel 3, así como de la fracción de átomos que estando en el nivel 3 hacen una transición al estado de energía E_2. El producto de estas dos fracciones es del orden de 0,3 para el láser de CO_2 y de aproximadamente 1 para un láser de juntura Ga-As.

Conceptos Básicos sobre Física de Sólidos

Aspectos Generales

La materia es un conjunto agregado de una innumerable cantidad de átomos y se puede encontrar en los siguientes estados: Sólido, Líquido, Gas, Condensado de Bose-Einstein.

En los sólidos, los átomos o moléculas se mantienen fuertemente unidos en posiciones esencialmente fijas, mediante la interacción electromagnética. Su estructura presenta periodicidad y se presenta como una red cristalina.

A medida que se incrementa la temperatura de un sólido, la estructura cristalina tiende a desaparecer alcanzando el estado líquido, cuyas características principales son la capacidad de fluir y adaptarse a la forma de un recipiente que contenga al líquido correspondiente.

En los gases, el movimiento de las moléculas aumenta con la temperatura y la distancia entre ellas es mucho mayor que las dimensiones de éstas. Su densidad es mucho menor con respecto a la de los líquidos y sólidos, siendo muy débil la interacción entre sus moléculas.

El condensado de Bose-Einstein se considera un quinto estado de la materia y se produce cuando un gran número de bosones con masa, se acercan de modo de quedar muy próximos entre sí y al moverse muy lentamente, quedan en el estado de energía más bajo. Se dice que ocurre el fenómeno de Condensación de Bose Einstein, cuya teoría fue propuesta por Einstein en base a la estadística de los bosones planteada en 1924 por el físico indio Satyendra Nathan Bose. Mientras más lento se mueve una partícula, menor es su momentum y mayor su longitud de onda de De Broglie. De acuerdo a la teoría cinética de los gases esto corresponde a bajas temperaturas. Si se puede obtener un gas de átomos fríos suficientemente denso, las longitudes de onda de materia serán del mismo orden de magnitud que la distancia entre ellas. Es en este punto, que las diferentes ondas de materia pueden interferir entre sí, produciéndose el efecto conocido como Condensación de Bose Einstein. Se suele hablar de la formación de un "súper átomo" ya que todo el sistema complejo se puede describir por una sola función de onda como si se tratara de un solo átomo. También se habla de "materia coherente" por analogía con "luz coherente" en el caso de un Láser. Los gases al ser enfriados se condensan pasando al estado líquido. Para observar el fenómeno de condensación de Bose Einstein se requiere que esto no ocurra, lo cual se ha demostrado que es posible con átomos alcalinos, que son aquellos que tienen un solo electrón en su nivel energético más externo, con tendencia a perderlo, con lo que forman un ion monopositivo. Este es el caso del litio, sodio, potasio, rubidio, cesio y francio.

Bandas de Energía

Los niveles energéticos de los átomos aislados se modifican al interaccionar entre sí cuando se ordenan formando una red cristalina, como es el caso de un sólido. Esto se debe a un traslape de las funciones de onda. Si N es el número de átomos, cada nivel energético se desdobla en N niveles agrupados en la forma de bandas energéticas, como se ilustra en la figura 21. A medida que aumenta el número de átomos el espaciamiento entre los niveles de energía disminuye, lo que origina las bandas energéticas. Sin embargo, es importante señalar que estas bandas de energía no son homogéneas, sino que pueden tener diferentes anchos y formas dependiendo de la estructura cristalina y otros factores propios de cada elemento sólido.

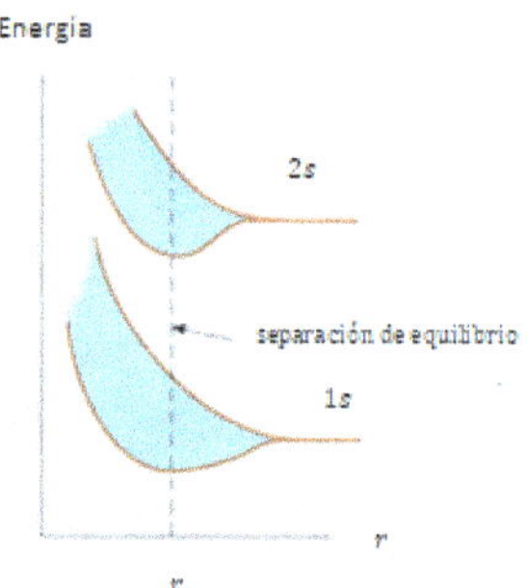

Figura 21. Desdoblamiento de niveles de energía y bandas en un sólido.

En los sólidos metálicos hay una alta densidad de electrones libres, a diferencia de los sólidos aisladores en que esta densidad es baja. Se distinguen dos bandas principales:

- La banda de valencia (BV): ocupada por los electrones de valencia, son aquellos electrones que se encuentran en la última capa o nivel energético de los átomos. Los electrones de valencia son los que forman los enlaces entre los átomos, pero no intervienen en la conducción eléctrica.
- La banda de conducción (BC): ocupada por los *electrones libres*, que son aquellos que se han desligado de sus átomos y al aplicar un campo eléctrico externo pueden moverse fácilmente a través de la red cristalina. Estos electrones son los responsables de conducir la corriente eléctrica.

A temperatura cero absoluto ($T=0$ Kelvin) la energía de Fermi se ubica al medio de la banda de conducción. Si se aplica una diferencia de potencial, los electrones con energía cercana a la energía de Fermi requieren una pequeña cantidad de energía eléctrica para acceder a niveles cercanos de mayor energía. En elementos como el cobre o el aluminio, los átomos tienen pocos electrones en las capas incompletas más externas. Estos electrones son fácilmente liberados al aplicar un campo eléctrico, como es por ejemplo el caso de un alambre de cobre sometido a una diferencia de potencial entre sus extremos. De esta manera, el comportamiento de estos electrones se puede modelar como un gas que se mueve con facilidad a través de la red cristalina, lo que explica su buena conductividad eléctrica y térmica.

Bandas de Energía en Conductores

A temperatura cero Kelvin, de acuerdo a la distribución de Fermi-Dirac la probabilidad de ocupación de los estados de energía disminuye abruptamente a cero cuando la energía aumenta hasta alcanzar la energía de Fermi (ver figura 15), lo que se representa ubicando este valor al medio de la banda de conducción como se muestra esquemáticamente en la figura 22. Si se aplica una diferencia de potencial, los electrones cercanos al nivel de Fermi requieren solo una pequeña cantidad de energía del campo eléctrico para acceder a niveles cercanos de mayor energía y moverse libremente conduciendo una corriente eléctrica.

Figura 22. Banda de conducción en un conductor llena hasta el nivel de Fermi.

Bandas de Energía en Aisladores

La banda más alta (banda de valencia) está completamente llena, mientras que la banda superior (banda de conducción) está completamente vacía, como se esquematiza en la figura 23. Esto se debe a que la diferencia de energía entre estas bandas tiene un valor considerable, de modo que se requiere un campo eléctrico alto o aumentar en forma significativa la temperatura para transferir electrones desde la banda de valencia a la banda de conducción.

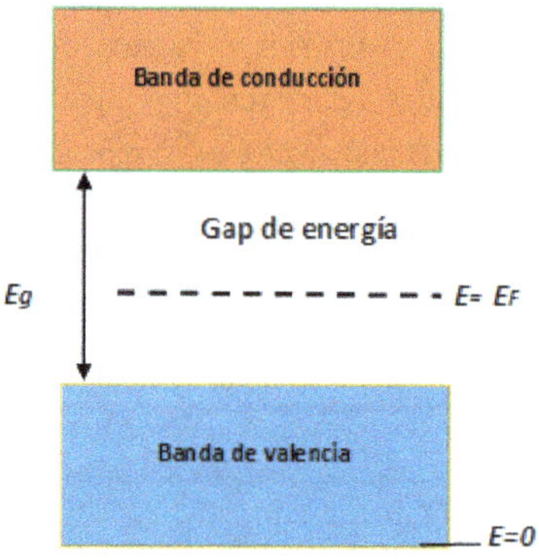

Figura 23. Bandas de valencia y de energía en aisladores.

Bandas de Energía en Semiconductores

En estos materiales la estructura de las bandas de energía es tal que se requiere una cantidad relativamente pequeña de energía para transferir electrones desde los niveles altos de la banda de valencia a la de conducción en la figura 24.

Los electrones de la banda de conducción actúan como los electrones libres de un metal. Los "huecos" que quedan en la banda de valencia actúan como electrones con carga positiva con lo cual hay conducción en ambas bandas.

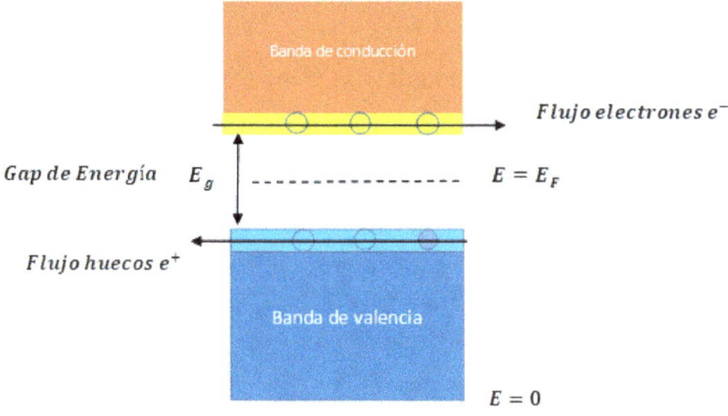

Figura 24. Bandas de energía en semiconductores.

En la tabla 7 se indican los valores del "gap" o brecha de energía entre las bandas de valencia y de conducción para algunos semiconductores [15].

Tabla 7. Valores del gap de energía para algunos semiconductores.

Cristal	Eg en eV Cero K	Eg en eV 300 K
Si	1,17	1,14
Ge	0,74	0,67
InP	1,42	1,35
GaP	2,32	2,26
GaAs	1,52	1,43
CdS	2,58	2,42
CdTe	1,61	1,45
ZnO	3,44	3,2
ZnS	3,91	3,6

El Núcleo Atómico

Introducción

Las partículas que se ubican en el interior del núcleo de un átomo se llana nucleones y corresponden al conjunto de protones y neutrones. Estas partículas, que a su vez tienen una estructura formada por los quarks, tienen espín 1/2 y cumplen con el Principio de Exclusión. Cabe señalar que los quarks son partículas elementales que son uno de los constituyentes fundamentales de la materia. Son una de las clases de partículas más básicas según el Modelo Estándar de la física de partículas, que es la teoría que describe las partículas fundamentales y sus interacciones. De acuerdo a este modelo se consideran partículas indivisibles.

Pregunta: Si los protones tienen carga positiva ¿Cómo pueden mantenerse dentro del núcleo a pesar de la fuerza de repulsión entre ellos?

Respuesta: Debido a la fuerza nuclear, que es mayor que la fuerza de repulsión eléctrica.

La fuerza nuclear es igual entre protones y neutrones y es de corto alcance, lo que implica que nucleones distantes no se atraen.

En la figura 25 se muestra en forma esquemática el efecto de interacción entre nucleones y también la interacción entre los quarks que son las partículas de las que están formados los nucleones.

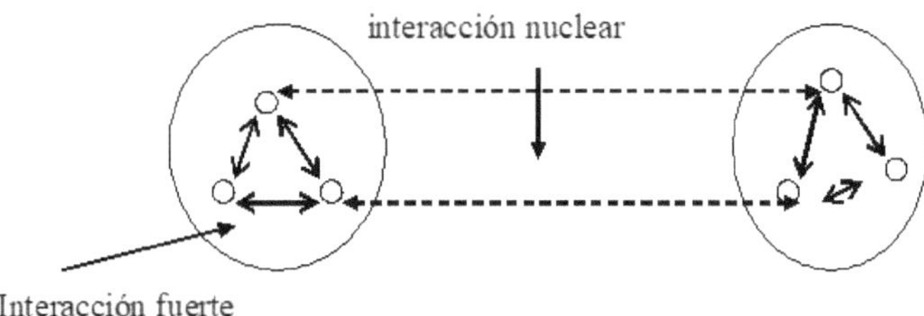

Figura 25. Interacción nuclear entre dos nucleones. La interacción fuerte que se muestra ocurre entre las componentes de cada nucleón, los llamados "quarks".

Propiedades del Núcleo

Tamaño

En una visión simplificada podemos imaginar el núcleo como un volumen esférico de radio R que crece con el número másico A (que es igual al número total de nucleones) en la forma: $R = R_o A^{1/3}$, en que $R_o \approx 1.1 \cdot 10^{-15}$ [m].

Momentum angular (Espín nuclear)

El espín nuclear es una propiedad intrínseca de los núcleos atómicos y está asociado al momento angular intrínseco o espín de los nucleones (protones y neutrones) que componen el núcleo. Esta propiedad es similar al espín electrónico de los electrones, pero tiene algunas diferencias importantes.

Este momentum está cuantizado en la forma: $\left|\vec{I}_N\right| = \hbar\sqrt{N(N+1)}$, en que N es un número cuántico. Este número cuántico puede tener valores enteros o semienteros, y su magnitud está determinada por la combinación de los espines de los nucleones en el núcleo y su configuración espacial. El espín nuclear es una consecuencia de las interacciones fuertes entre los nucleones en el núcleo y es una propiedad fundamental de la estructura nuclear, que tiene implicaciones en la estabilidad nuclear, la estructura de niveles de energía nuclear y la interacción de los núcleos con su entorno. Por ejemplo, el espín nuclear puede influir en la emisión de radiación electromagnética y en los procesos de desintegración nuclear, tales como la desintegración beta.

Debido a la carga de los protones el núcleo tiene un momento dipolar magnético resultante

Isótopos

Los isótopos son átomos que tienen el mismo número atómico (Z) pero distinto número másico (A). Por ejemplo:

El átomo de Hidrógeno tiene número atómico $Z = 1$ y sus isótopos son:

Protio con A =1   (tiene un protón)

Deuterio con A = 2 (1 protón + 1 neutrón)

Tritio con A = 3   (1 protón + 2 neutrones)

El átomo de Carbono tiene número atómico $Z = 6$ y sus isótopos son:

C^{12} cuyo núcleo tiene 6 protones y 6 neutrones, C^{13} cuyo núcleo tiene 6 protones y 7 neutrones, C^{14} cuyo núcleo tiene 6 protones y 8 neutrones.

Energía de Ligadura Nuclear

La masa del núcleo es menor que la suma de las masas de los nucleones. ¿Porqué?

Consideremos un neutrón y un protón en reposo y suficientemente alejados, de modo que se pueda ignorar la interacción entre ellos. Esto implica que la energía en reposo de este par es $E = (m_p + m_n)c^2$ de acuerdo a la equivalencia entre masa y energía contenida en la Teoría de la Relatividad. Esta equivalencia se expresa a través de la famosa fórmula $E = mc^2$ para un objeto de masa m en reposo.

Si estas partículas se acercan como para formar un deuterón esta energía cambia a:

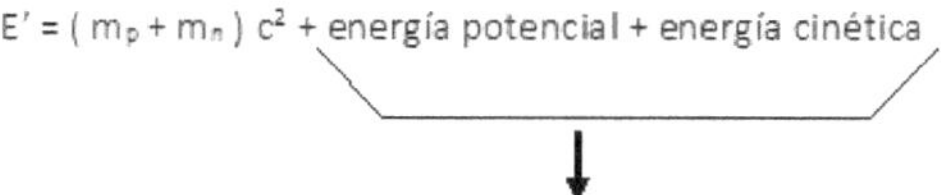

Por lo tanto, al formarse el deuterón se libera una energía $E_b = E - E'$. Esta diferencia corresponde a la energía de ligadura del sistema.

Para un núcleo de masa M con A nucleones y Z protones, la energía de ligadura en MeV se determina mediante la siguiente relación:

$$E_b = 931,48\,[\,Z\,m_p + (A - Z)\,m_n - M\,] \tag{42}$$

, en que m_p y m_n corresponden a la masa del protón y del neutrón, respectivamente, expresadas en MeV como su equivalente de energía.

Desintegración Radiactiva

Muchos núcleos tienen una combinación de protones y neutrones tal que no forman una configuración estable. Esto implica que tienden a aproximarse a una configuración estable liberando partículas α (núcleos de Helio, los que tienen 2 protones + 2 neutrones) o partículas β (electrones o positrones).

A este proceso de le denomina decaimiento radiactivo y se puede representar como una disminución exponencial del número inicial de núcleos en la forma

$$N(t) = N_o \, e^{-\lambda t} \tag{43}$$

, en que N_o es el número inicial de núcleos inestables; λ es un parámetro de desintegración en unidades inversas de tiempo. Este parámetro se puede expresar en términos de la vida media de los núcleos en la forma $\lambda = 1/\tau$. Por ejemplo para un núcleo como el polonio $\tau \approx = 140$ días.

A continuación se analizan dos procesos típicos de decaimiento radiactivo, como son las desintegraciones alfa y beta.

Desintegración Alfa

La desintegración alfa ocurre para núcleos grandes y se puede representar en la siguiente forma

$$^{A}_{Z}X \;\rightarrow\; ^{A-4}_{Z-2}Y + {}^{4}_{2}He \tag{44}$$

, en que X es el núcleo inicial con Z protones y A-Z neutrones, Y es el núcleo resultante con dos protones y dos neutrones menos. La disminución del número de nucleones es compensada por el núcleo de Helio que corresponde a la partícula alfa emitida. Por ejemplo este proceso ocurre en el núcleo de $^{238}_{92}U$ que decae radiactivamente formando un núcleo de Toridio con 234 nucleones y un núcleo de Helio en la forma

$$^{238}_{92}U \;\longrightarrow\; ^{234}_{90}Th + {}^{4}_{2}He$$

Ejemplo 19. Aplicación del concepto de efecto túnel para el decaimiento alfa

Como hemos señalado previamente, la desintegración alfa consiste en la emisión de núcleos de Helio 4 (dos protones y dos neutrones) por parte de núcleos atómicos muy pesados. A este tipo de núcleos así emitidos se les denomina partículas alfa.

Mientras está dentro del núcleo original y en el momento previo a ser emitida, la partícula alfa está sujeta a la fuerza de atracción nuclear que se opone a su salida. Cuando sale del núcleo esta partícula queda sometida a una fuerza de repulsión al interactuar con la carga positiva del núcleo resultante.

En 1928, el físico ucraniano George Gamow elaboró una teoría para explicar este tipo de decaimiento, representando la curva de energía potencial para una partícula alfa como un pozo finito de potencial combinado con una curva que representa a la repulsión de Coulomb como se muestra en la figura 26.

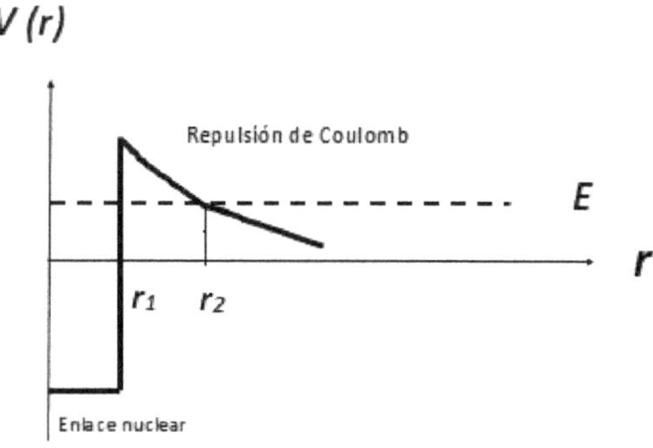

Figura 26. Energía potencial para una partícula alfa.

La probabilidad de efecto túnel depende de la relación entre las amplitudes relativas de las ondas incidente y reflejada. Para barreras muy altas y/o muy anchas esta relación se puede aproximar como:

$$T = \frac{Amplitud\ onda\ transmitida}{Amplitud\ onda\ incidente} \approx e^{-2\gamma}$$

, en que de la correspondiente ecuación de Schrödinger se obtiene que el factor γ está determinado por la siguiente integral

$$\gamma = \frac{1}{\hbar} \int_{r_1}^{r_2} \sqrt{2m[V(r) - E]}\, dr$$

De la figura 26 se observa que para $r = r_2$ la energía E de la partícula alfa iguala a la energía potencial de repulsión, por lo cual $E = \frac{1}{4\pi\epsilon_o}\frac{2Ze^2}{r_2}$ y con $V(r) = \frac{1}{4\pi\epsilon_o}\frac{2Ze^2}{r}$ se obtiene

$$\gamma = \frac{1}{\hbar} \int_{r_1}^{r_2} \sqrt{2m\left[\frac{1}{4\pi\epsilon_o}\frac{2Ze^2}{r} - E\right]}\, dr = \frac{\sqrt{2mE}}{\hbar} \int_{r_1}^{r_2} \sqrt{\frac{r_2}{r_1} - 1}\, dr$$

$$= \frac{\sqrt{2mE}}{\hbar} \int_{r_1}^{r_2} [r_2 arccos\sqrt{\frac{r_1}{r_2}} - \sqrt{r_1(r_2 - r_1)}]\, dr \tag{45}$$

Si $r_1 \ll r_2$ el resultado anterior se puede simplificar, ya que en ese caso $arccos\sqrt{\frac{r_1}{r_2}}$ tiende a $\pi/2$. Si consideramos que $arccos\sqrt{\frac{r_1}{r_2}} \to \theta = \frac{\pi}{2} - \Delta$ con Δ una cantidad mucho menor que $\pi/2$, tenemos que $arccos\sqrt{\frac{r_1}{r_2}} \approx \frac{\pi}{2} - \sqrt{\frac{r_1}{r_2}}$. Por lo tanto:

$$\gamma \approx \frac{\sqrt{2mE}}{\hbar}\left\{ r_2\frac{\pi}{2} - 2\sqrt{r_1 r_2}\right\} \tag{46}$$

El lector puede verificar que esta última expresión tiene unidades 1/mt.

Como $E = \frac{1}{4\pi\epsilon_o}\frac{2Ze^2}{r_2}$, se tiene que $r_2 = \frac{1}{4\pi\epsilon_o}\frac{2Ze^2}{E}$. La energía E se obtiene de un balance energético de la reacción correspondiente, en tanto, que el radio r_1 del núcleo se puede determinar mediante la siguiente relación empírica:

$$r_1 \approx (1{,}07\ fm)A^{1/3} \tag{47}$$

, en que 1 fm equivale a 10^{-15} m y A es el número másico del núcleo que es igual a la suma del número de neutrones más el número de protones.

El tiempo de vida media de un núcleo antes del decaimiento alfa, se puede obtener del análisis que se presenta a continuación. Si imaginamos a la partícula alfa moviéndose dentro del núcleo con una velocidad media V, el tiempo promedio entre colisiones sucesivas con la "pared" del núcleo es del orden de $2r_1/V$. Por lo tanto la frecuencia con que ocurren las colisiones es $V/2r_1$. Como la probabilidad de escape en cada colisión es $e^{-2\gamma}$, la probabilidad de emisión por unidad de tiempo es $e^{-2\gamma}V/2r_1$, con lo cual el tiempo de vida del núcleo padre es

$$\tau = \frac{2r_1}{V}e^{2\gamma} \tag{48}$$

Como ejemplo específico, consideremos el decaimiento alfa del núcleo de U^{238}. Este proceso se describe como:

$$^{238}_{92}U \longrightarrow {}^{234}_{90}Th + {}^{4}_{2}He$$

La masa del $^{238}_{92}U$ es 238,050784 u, la del $^{234}_{90}Th$ es 234,043593 u, y la del núcleo de Helio $^{4}_{2}He$ es 4,0026 u, en que u es la unidad de masa atómica igual a 931 MeV/c^2. Por lo tanto, la energía de escape de la partícula alfa y la velocidad correspondiente son:

E= (238,050784 – 234,043593-4,002602) (931) =4,27 MeV

$$V = \sqrt{\frac{2E}{m}} = \sqrt{\frac{2 \cdot 4.27}{4,002602 \cdot 931}} \cdot 3 \cdot 10^8 \ \frac{m}{s} = 1,44 \cdot 10^7 \ m/s$$

Para el caso del $^{238}_{92}U$ el radio del núcleo es aproximadamente:

$$r_1 = (1,07 \cdot 10^{-15} \ m)(238)^{1/3} = 6,63 \cdot 10^{-15} \ m$$

A partir del valor de la energía E, se obtiene

$$r_2 = \frac{1}{4\pi\epsilon_o}\frac{2Ze^2}{E} = 8,99 \cdot 10^9 \cdot \frac{2 \cdot 92 \cdot (1,61 \cdot 10^{-19})^2}{4,27 \cdot 1.61 \cdot 10^{-13}} = 6,24 * 10^{-14} \ \text{mt.}$$

En base a estos valores, se obtiene que para este núcleo el factor γ para el decaimiento alfa es aproximadamente igual a 50, con lo cual el tiempo de vida es $\tau \approx 2 \cdot 10^{14}$ años.

Mediante un procedimiento similar, se obtiene que para el $^{212}_{84}Po$ el tiempo de vida es muy corto ya que $\tau \approx 3 \cdot 10^{-7}$ segundos, por lo cual se trata de un núcleo muy inestable.

Desintegración Beta

La desintegración beta es un proceso que consiste en que un núcleo inestable emite un electrón (desintegración β^-) o un positrón (desintegración β^+). En este proceso se modifica el número de protones y de neutrones del núcleo resultante, pero se mantiene la suma de ambos (lo que corresponde al número másico).

La desintegración beta negativa se esquematiza en la siguiente forma:

$$\text{Desintegración } \beta^-: \quad {}^{A}_{Z}X \ \longrightarrow \ {}^{A}_{Z+1}X + \underbrace{e^- + \bar{\nu}}_{} \tag{49}$$

electrón + antineutrino

El núcleo aumenta su carga en +e ya que un neutrón se convierte en un protón liberando un electrón y una partícula neutra conocida como neutrino, es decir ocurre la reacción:

$$n \rightarrow p^+ \ e^- + \ \text{antineutrino}$$

¿Qué es el antineutrino?

Según el Modelo Estándar de la física de partículas, el antineutrino es la antipartícula del neutrino y ambas partículas tiene la misma masa (ninguna de las dos tiene carga eléctrica). Hasta ahora, las estimaciones de las masas de neutrinos y antineutrinos son de un orden de magnitud de mil millones de veces más pequeñas que las masas de los electrones, lo que ha hecho muy difícil su medición. Por tales motivos en cursos introductorios a la Física Cuántica se suele considerar nula la masa de estas partículas.

<u>Ejemplos de desintegración β^-</u>

$$^{15}_{6}C \rightarrow {}^{15}_{7}N + e^- + \bar{v}$$

$$^{14}_{6}C \rightarrow {}^{14}_{7}N + e^- + \bar{v}$$

$$^{16}_{6}C \rightarrow {}^{16}_{7}N + e^- + \bar{v}$$
$$\downarrow \qquad \text{doble decaimiento } \beta^-$$
$$^{16}_{8}O + e^- + \bar{v}$$

Desintegración β^+

En este proceso el núcleo disminuye su carga negativa en una magnitud igual a la magnitud de la carga del electrón, ya que un neutrón se convierte en un electrón y para compensar la carga eléctrica se emite un positrón (que es una partícula idéntica al electrón, pero con carga positiva y espín opuesto). Este proceso se esquematiza en la siguiente forma:

$$^{A}_{Z}X \rightarrow {}^{A}_{Z-1}Y + e^+ + v$$
$$\downarrow$$
$$\text{neutrino}$$

<u>Ejemplos de desintegración β^+</u>

$$\,^{10}_{6}C \;\rightarrow\; \,^{10}_{5}B \;+\; e^+ + \nu$$

$$\,^{9}_{6}C \;\rightarrow\; \,^{9}_{5}B \;+\; e^+ + \nu$$

doble decaimiento β⁺

$$\,^{9}_{4}Be \;+\; e^+ + \nu$$

Cabe notar que tanto en el decaimiento β^+ como en el β^- :

- La carga eléctrica debe conservarse
- La masa del núcleo inicial debe ser a lo menos mayor que la de núcleo final en una cantidad igual a la de la masa del electrón m_e

Otros procesos nucleares

A continuación se analizan otros procesos en que al modificarse la estructura interna de un núcleo se produce la emisión de fotones o de otras partículas tales como neutrinos.

Radiación Gamma

En el núcleo hay valores discretos de energía (análogo al caso de la energía de los electrones en un átomo). Se cumple el principio de exclusión de Pauli por separado para protones y neutrones.

En base a lo anterior la radiación γ se describe como un proceso consistente en la emisión de fotones de varios MeV de energía, cuando el estado cuántico de algún protón o neutrón cambia a otro estado de menor energía. Esto es análogo a la emisión de fotones en un átomo para transición de un nivel de mayor a otro de menor energía.

En este proceso se mantienen Z y A. La masa del núcleo disminuye en una cantidad $\Delta E > E_\gamma$ debido al retroceso del núcleo si inicialmente estaba en reposo, como se muestra en la figura 27.

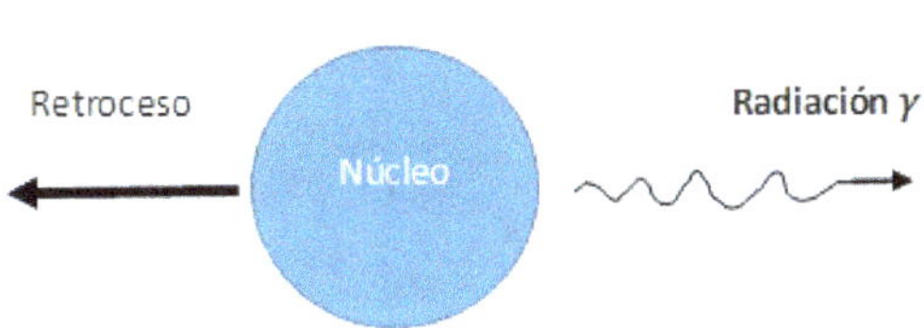

Figura 27. Núcleo en retroceso al emitir radiación γ

Captura Electrónica

En este proceso un electrón es atraído por un protón en el núcleo produciéndose un neutrón junto con la emisión de un neutrino. Este proceso se escribe como:

$$\,^{A}_{Z}X + e^{-} \;\rightarrow\; \,^{A}_{Z-1}X + \nu \tag{50}$$

La energía liberada se obtiene del siguiente balance: $E_{liberada} = \{\, m\,(\,Z\,) - m\,(\,Z-1\,) + m_e \,\} \cdot c^2$, en que $m\,(\,Z\,)$ y $m\,(\,Z\text{-}1\,)$ son las masas de los núcleos inicial y final, respectivamente, denotando como ν al neutrino emitido cuya masa se considera nula.

Esta energía debe ser positiva para que esta reacción ocurra.

Aspectos generales sobre Fisión y Fusión Nuclear

Dos procesos nucleares relevantes cuyos principios se pueden comprender con relativa facilidad mediante los conceptos básicos de Física Cuántica y balances de energía, son la fisión y la fusión nuclear.

La fisión nuclear es el proceso mediante el cual un núcleo pesado, es decir con una gran cantidad de nucleones, en que existe un desequilibrio importante entre el número de protones y el número de neutrones, se divide en dos o más núcleos pequeños liberando energía. Este proceso se utiliza para generación de electricidad en centrales nucleares.

En lo que respecta a la fusión nuclear, este es el proceso en que dos núcleos livianos se unen para formar un núcleo más pesado, liberando también una importante cantidad de energía. Este es un tipo de proceso que, por ejemplo, ocurre en el Sol y en otras estrellas.

A continuación analizamos en mayor detalle estos procesos.

Fisión Nuclear

Consiste en la división de un núcleo pesado, como el Uranio o el Torio, en dos fragmentos de tamaño comparable. Se liberan neutrones y energía. Esta energía es del orden de 200 MeV y por ejemplo para la fisión del U^{235} se distribuye como se indica a continuación:

Energía cinética de los fragmentos	167 MeV
Energía cinética de los neutrones liberados	5
Energía de los rayos γ radiados en el instante de la fisión	7
Energía de los electrones de desintegración β^- de los fragmentos	5
Energía de desintegración γ de los fragmentos	5
Energía de los neutrinos de desintegración β^- de los fragmentos	11
Energía total (MeV)	**200**

Como proceso natural es muy poco probable. Por ejemplo, el U^{238} se fisiona espontáneamente al cabo de un tiempo del orden de 10^9 años.

Un medio de provocar la fisión es mediante la captura de neutrones. Por ejemplo el núcleo $^{239}_{92}U$ se convierte en el núcleo inestable $^{240}_{92}U$ el que se desintegra en neptunio emitiendo una partícula beta negativa, lo que se expresa como:

$$^{239}_{92}U + n \longrightarrow {}^{240}_{92}U \longrightarrow {}^{240}_{93}N_p + \beta^-$$

Otra forma de producir fisión es por absorción de rayos γ de energía mayor que el umbral requerido. Este proceso se llama fotofisión y consiste en que un núcleo atómico absorbe un fotón de alta energía, con lo que hace una transición a un estado excitado. Esta excitación puede producir que el núcleo se vuelva inestable y se divida en dos o más núcleos más pequeños, liberando energía en el proceso. Esta es una forma de inducir la fisión nuclear utilizando fotones en lugar de neutrones.

La fisión no es un proceso simétrico: en general los números másicos de los dos fragmentos son diferentes. Una de las divisiones más probables corresponde a fragmentos con números másicos próximos a 95 y 135 respectivamente.

Por cada neutrón absorbido para fisión se emiten en promedio más de dos neutrones, lo que posibilita usarlos para provocar otras fisiones, produciendo así una ***Reacción en Cadena.***

Fusión Nuclear

Consiste en la formación de un núcleo más pesado a partir de dos núcleos que chocan.

Debido a la repulsión de Coulomb entre estos núcleos, es necesario que estos tengan una cantidad de energía suficiente para vencer la barrera de potencial correspondiente.

¿Cuánta energía cinética se requiere para fusionar dos núcleos con números atómicos Z_1 y Z_2 ?

La energía potencial eléctrica de los dos núcleos separados por una distancia r es

$$V_p = Z_1 Z_2 e^2 / 4\pi\varepsilon_o r$$

Considerando $r \sim 10^{-14}$ m, que es el orden de magnitud de la suma de los radios nucleares, se tiene $V_p \sim 2.4 \cdot 10^{-14} Z_1 Z_2$ en Joules, que es la altura de la barrera de potencial, lo que equivale a la energía cinética mínima requerida para este proceso, K_{min}.

Si la energía cinética mínima K_{min} es menor que la energía potencial eléctrica, la fusión no puede ocurrir salvo que el déficit de energía cinética sea pequeño, en cuyo caso es posible un efecto túnel a través de la barrera.

<u>Algunos ejemplos de reacciones de fusión</u>

    a) Captura de un neutrón por un núcleo de hidrógeno

$$\,_1^1H + n \longrightarrow \,_1^2H + 2{,}23 \; MeV$$

Esta reacción ocurre cuando los neutrones provenientes de un reactor nuclear se difunden a través de una sustancia hidrogenada, tal como agua o parafina.

    b) Fusión de dos protones

$$\,_1^1H + \,_1^1H \longrightarrow \,_1^2H + e^+ + \nu + 2{,}22 \; MeV$$

    c) Procesos de fusión en el Sol

    La fusión nuclear es uno de los procesos importantes que ocurren en el Sol y es su principal fuente de energía al igual que en otras estrellas. Un proceso importante es el propuesto por el físico alemán Hans Bethe en 1938, según el cual núcleos de hidrógeno ^1_1H se fusionan en núcleos estables de ^4_2He , proceso que se resume en la siguiente reacción:

$$4\,^1_1H \longrightarrow \,^4_2He + 2e^- + 2\bar{\nu} + 27\ MeV$$

Este proceso equivale a la fusión de 4 protones en un núcleo de Helio, con la emisión de dos electrones y dos antineutrinos.

Ejemplo 20. Fisión del Uranio

Supongamos que se usa la fisión del uranio en una planta de generación eléctrica, a partir del siguiente proceso en que el núcleo de U-235 captura un neutrón:

$$^{235}_{92}U + ^1_0n \longrightarrow ^{93}_{37}Rb + ^{141}_{55}Cs + 2^1_0n$$

Estimar la potencia media que se podría producir en esta central nuclear si en un mes de operación consume 18 Kg de U-235, asumiendo como aproximación una eficiencia de 100 %.

<u>Estrategia de solución</u>

En cada una de estas reacciones se libera una cantidad de energía que se puede calcular mediante un balance energético haciendo uso de la famosa ecuación de la relatividad $E = mc^2$. A partir del consumo mensual de uranio (18 Kg/ mes) se determina la cantidad de reacciones de este tipo y en base a ello la potencia eléctrica promedio generada.

<u>Energía liberada en cada reacción</u>

Para determinar esta energía se requiere el dato de las masas de las partículas que intervienen en esta reacción, las que en unidades atómicas son:

U^{235}: 235,04394 $[u]$; Rb^{93}: 92,92172 $[u]$; Cs^{141}: 140,91949 $[u]$; n^1: 1,007276 $[u]$

El balance de energía es:

$$m_{inicial} \cdot c^2 = m_{final} \cdot c^2 + Energía\ liberada$$

$$m_{inicial} = 236,05259\ [u]\ \text{correspondiente a } \{U, n\}$$

$$m_{final} = 235,85854\ [u]\ \text{correspondiente a } \{Rb, Cs\ y\ 2n\}$$

102

Se observa que la masa total final es menor que la masa total inicial en una cantidad igual a $\Delta m = 0{,}19405\ [u]$. Considerando la equivalencia 1 u = 931,95 MeV, se obtiene

$$E_{liberada} = \Delta m \cdot c^2 = 180{,}8\ [MeV]$$

La masa de un núcleo de U^{235} en Kg es 3,902996·10⁻²⁵ Kg. Por lo tanto en 18 Kg de este combustible nuclear hay $4{,}6118\cdot10^{25}$ núcleos de U^{235} lo que implica que en un mes se producen esta misma cantidad de reacciones.

La potencia promedio generada durante un mes se obtiene de

Potencia"número de reacciones* energía liberada por reacción/número de segundos en un mes

Por lo tanto la potencia promedio generada durante un mes es

$4{,}6118\cdot10^{25}\cdot180{,}8$ [MeV/reacción]·1,61·10⁻¹⁹ [MJoule/MeV]/(30·24·3600 seg/mes)

= 517,9 MW

La potencia calculada en este ejemplo corresponde a un reactor nuclear de capacidad relativamente pequeña. Por ejemplo una central nuclear como Fukushima II en Japón tiene cuatro reactores cada uno con una potencia de 1100 MW.

Sobre la frontera entre la Física Clásica y la Física Cuántica

Hemos visto que en la Física Cuántica la constante de Plank h juega un rol fundamental, como por ejemplo en la descripción del efecto fotoeléctrico y en el análisis de la radiación de cuerpo negro. Debemos observar que esta constante tiene unidad energía·tiempo y en el sistema MKS su valor es $6{,}63 \cdot 10^{-34}$ Joule·segundo. Esta unidad coincide con la que tiene otra cantidad física que describe el movimiento global de un sistema físico y a la que se le denomina *Acción*. En particular, supongamos que estamos analizando el movimiento de una partícula entre dos puntos A y B. Existen múltiples trayectorias entre estos dos puntos, tales como las tres que se muestra en la figura 28.

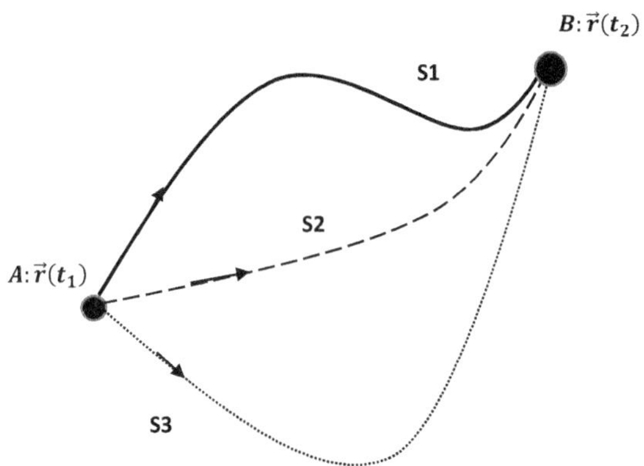

Figura 28. Trayectorias posibles entre dos puntos. A cada trayectoria corresponde una cantidad definida como acción, definida según la ec. (51). Los vectores $\vec{r}(t_1)$ y $\vec{r}(t_2)$ representan las posiciones respecto a un sistema de referencia para los instantes t_1 y t_2, respectivamente.

A cada trayectoria asignamos un número que llamamos **Acción** y que se define como la diferencia entre la energía cinética y la potencial, integrada sobre la trayectoria:

$$S[\vec{r}(t)] = \int_{t_1}^{t_2} dt \left\{ \frac{1}{2} m \dot{\vec{r}}^2 - V(\vec{r}) \right\} \tag{51}$$

Como se demuestra en numerosos libros de física clásica (ver por ejemplo [16], Leonard Susskind, *The Theoretical Minimum, What you need to know to start doing Physics*, published by Basic Books, 2013), la trayectoria que parece elegir el sistema para su evolución, es la que corresponde a un valor extremo de la *acción* (valor mínimo o máximo). En la mayoría de los casos, el comportamiento del sistema sigue la trayectoria de mínima acción (Principio de Mínima Acción). Por ejemplo, en un sistema óptico tal como un microscopio, la luz viaja a través de la trayectoria de mínima acción y su trayectoria a través de los lentes es curva. Para la luz, la acción es proporcional al tiempo de viaje, por lo cual sigue la trayectoria que toma el menor tiempo.

Un criterio para establecer la frontera entre la Física Clásica y la Física Cuántica, es comparar la acción con la constante de Plank **h**, de modo que si hay similitud en los órdenes de magnitud se debe usar la física cuántica [17]. En cambio, si la acción es mucho mayor que **h**, la física clásica es una buena aproximación para el análisis.

Veamos algunos ejemplos.

Ejemplo 21. Circuito LC oscilante con $C=10^{-10}$ Faradio, $L=10^{-4}$ Henry, por el cual circula una corriente senoidal de valor efectivo $I= 1$ mA.

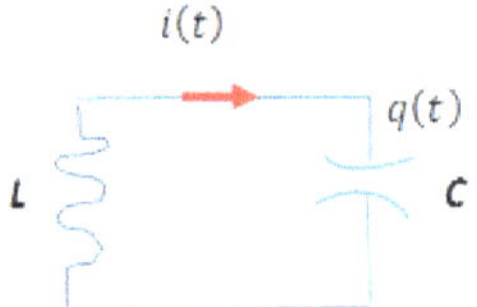

Las ondas de corriente y tensión son:

$$i(t) = I\cos\omega t, \quad q(t) = \frac{I}{\omega} sen\omega t, \text{ en que } \omega = 1/\sqrt{LC}.$$

La energía electromagnética almacenada en este circuito es

$$W_{em} = \frac{1}{2} LI^2 \cos^2\omega t + \frac{I^2}{2\omega^2 C} sen^2\omega t = LI^2$$

Siendo un sistema ideal sin pérdidas, no es de extrañar que la energía sea invariante en el tiempo (Conservación de la Energía).

El período de oscilación de las ondas de corriente y carga en el condensador es

$$T = \frac{2\pi}{\omega} = 2\pi\sqrt{LC}$$

La acción para este caso es

$$S = W_{em}T = 2\pi I^2 L\sqrt{LC} = 2\pi I^2 L^{3/2} C^{1/2}$$

Reemplazando valores en esta última expresión, se obtiene $S = 2\pi 10^{-17} Joule \cdot seg$. Por lo tanto para este caso se obtiene $\hbar_{eq} = 10^{-17} Joule \cdot seg$ valor mucho mayor que $\hbar = \dfrac{h}{2\pi} = 1.0552 \cdot 10^{-34} Joule \cdot seg$. Por lo tanto, para un caso como este es válida una descripción basada en la física clásica.

Ejemplo 22. Extracción de un nucleón desde un átomo

Como hemos visto en la sección 14, los protones y neutrones de un átomo están confinados a permanecer en la región correspondiente al núcleo y para extraer uno de ellos se requiere una energía superior a la llamada ***energía de enlace,*** que es del orden de 8 MeV. Como se ha señalado previamente, el núcleo se puede imaginar como una esfera cuyo radio depende en forma empírica del número másico A (suma del número de protones+ número de neutrones), en la forma:

$$r_{núcleo} = r_o A^{1/3}$$

, en que $r_o \sim 1.2 \cdot 10^{-15}\ m$ o   1.2 fm (1 fm equivale a $10^{-15}\ m$). En base a esto, podemos estimar la acción S en la siguiente forma:

$$S = E\tau = E_b \tau$$

, en que E_b es la energía de enlace y τ es el tiempo que demora el nucleón extraído en salir desde el centro del núcleo hacia el exterior. Este tiempo se puede estimar que es del orden de

$$\tau \approx \frac{r_o}{\upsilon}$$

La velocidad de escape υ se determina a partir de la relación $E = m\upsilon^2/2$ en que m es la masa del nucleón que es del orden de $1.6 \cdot 10^{-27}\ Kg$. Por lo tanto:

$$\upsilon = \sqrt{2E/m} \implies S \sim r_o\sqrt{mE_b} = 4 \cdot 10^{-35}\ Joule \cdot seg \qquad < \qquad \hbar = 1.0552 10^{-34}\ Joule \cdot seg$$

Por lo tanto, ya que en este caso la acción es menor que la constante de Planck, el análisis debe efectuarse en base a los principios de la física cuántica.

Entrelazamiento de Estados Cuánticos y Teleportación

El análisis efectuado en la sección anterior reafirma el hecho que a una escala de dimensiones nanométricas (inferior a 10^{-9} m) los fenómenos que ocurren con partículas como electrones y sistemas como núcleos atómicos, no pueden ser descritos adecuadamente mediante la Física Clásica y se requiere usar la teoría de la Mecánica Cuántica, con lo cual se logra una adecuada concordancia entre las predicciones teóricas y los resultados experimentales.

Como hemos visto en las secciones previas de estos apuntes, de acuerdo a la teoría cuántica , el estado de un sistema como un átomo de hidrógeno, por ejemplo,   se caracteriza mediante un conjunto de cuatro números cuánticos $\{n, \ell, m_\ell, m_s\}$, en que n es el número cuántico principal que determina los valores discretos de la energía (no continuos) de acuerdo a ec. (20); ℓ es el número cuántico orbital; m_l es el número cuántico que determina la orientación del vector momento angular correspondiente a la órbita del electrón respecto al núcleo. A estos tres números, se agrega un cuarto que es m_s y caracteriza la orientación de su vector momento angular intrínseco denominado como ***espín***.

Un sistema cuántico no sujeto a interacción, se encuentra en una superposición de estados tales como los descritos precedentemente. Esta superposición se representa mediante una función de onda que tiene como componentes funciones que caracterizan a cada estado cuántico (denominadas *funciones propias*). Al efectuar una medición, por ejemplo del espín de un electrón, la superposición desaparece y el sistema queda en un estado definido por el valor obtenido para la cantidad que se está midiendo. A este efecto se la llama   *colapso de la función de onda*.

Si solamente nos concentramos en un electrón y en su espín, antes de efectuar una medición este se encuentra en una superposición de dos estados: uno con espín en un cierta dirección y sentido (digamos en la dirección del eje z positivo) y el otro en sentido opuesto. Esto se representa como *espín up* (↑) y *espín down* (↓), respectivamente. En la notación de la mecánica cuántica esto se escribe como:

$$|\varphi\rangle = \alpha|\uparrow\rangle + \beta|\downarrow\rangle$$

, en que α y β son números complejos tales que $|\alpha|^2 + |\beta|^2 = 1$. El símbolo ψ denota a la función de onda formada por la superposición de los dos estados de espín y la simbología $|\varphi\rangle$ denota lo que se denomina un ket. Este concepto tiene una aplicación fundamental en la computación cuántica que es es una disciplina emergente que utiliza las leyes de la **Mecánica Cuántica** para codificar, procesar y transmitir información.

Al ket $|\varphi\rangle$ se le denomina qubit y es el elemento fundamental de información en Computación Cuántica, en lugar del bit 1 o 0 usado en computación clásica.

La computación cuántica se ha desarrollado desde el siglo XX aproximadamente a partir de los años 80, considerando que el permanente desarrollo tecnológico requiere procesamiento y almacenamiento de volúmenes crecientes de información, siendo necesaria una rapidez y seguridad de transmisión cada vez mayor. Por otra parte la miniaturización de componentes origina la necesidad de una aplicación creciente de la Física Cuántica para su diseño y control del comportamiento.

Una propiedad fundamental que se usa en la computación cuántica es la de entrelazamiento de estados, lo que en inglés se conoce como ***entanglement***. En física cuántica este efecto consiste en que dos partículas que inicialmente estuvieron cercanas e interactuaron entre sí antes de alejarse, conservan una relación tal que la medición de parámetros que corresponden a su estado cuántico (por ejemplo orientación de los correspondientes vectores espín de un par de electrones), muestra que existe una correlación de resultados que es independiente de la separación entre dichas partículas. Los estados de cada partícula están correlacionados, de modo que la medición en una de ellas determina instantáneamente el correspondiente resultado en la otra partícula, aun cuando las partículas se encuentren arbitrariamente separadas, como se analiza a continuación.

¿Cómo se puede formar un estado entrelazado?

Consideremos como ejemplo, el proceso de aniquilación de un fotón con energía superior a $2m_e c^2$ en que m_e es la masa del electrón y c es la velocidad de la luz en al vacío. Este proceso se ilustra esquemáticamente en la figura 29.

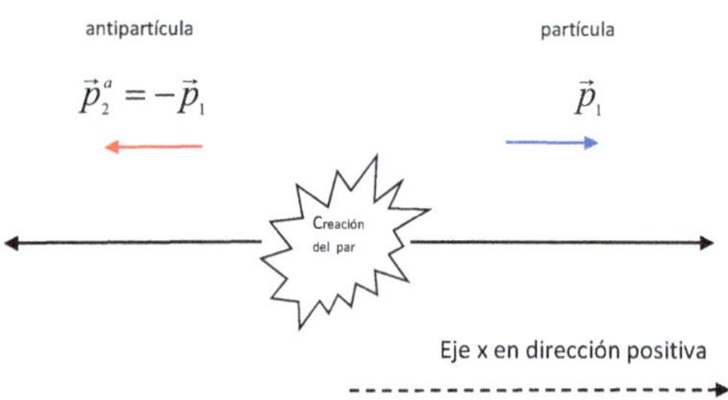

Figura 29. Aniquilación de un fotón formando un par de electrones entrelazados.

En este proceso se crea un par electrón-positrón con ambas partículas moviéndose en direcciones opuestas (por conservación del momentum lineal) y con espín opuesto (por conservación del momentum angular).

El estado combinado de este par electrón- positrón se expresa como:

$$|\psi_{e-p}\rangle = \frac{1}{\sqrt{2}}\{|\uparrow_e\downarrow_p\rangle - |\downarrow_e\uparrow_p\rangle\}$$

Este estado es entrelazado porque, si por ejemplo, se efectúa una medición del espín del electrón y se obtiene que este tiene la dirección $\uparrow_e$ la función de onda colapsa a $|\uparrow_e\downarrow_p\rangle$ e independiente de la separación entre las partículas, al efectuar en el mismo instante una medición del el espín del positrón en un laboratorio ubicado en cualquier posición arbitrariamente distante, se obtendrá la dirección correspondiente a $\downarrow_p$.

Discusión

¿Cómo la partícula 2 (positrón) puede cambiar en forma instantánea su estado de acuerdo a una medición que se haga en la partícula 1(electrón)?

Esta correlación instantánea que es independiente de la distancia que exista entre las dos partículas, implicaría que sería posible la transmisión de una señal entre ambas partículas a una velocidad superior a la velocidad de la luz, lo cual es incompatible con los principios de la Teoría de la Relatividad y forma parte de la llamada paradoja EPR que fue formulada en 1935 por los físicos Albert Einstein, Boris Podolsky y Nathan Rosen [7].

Se puede demostrar que no se pueden usar correlaciones de este tipo para transmitir información útil entre observadores asociados a ambas partículas. La información útil solo se puede obtener mediante intercambio de información sobre los resultados de las mediciones efectuadas para cada electrón y para ello no es posible una comunicación más rápida que la velocidad de la luz.

 Sin embargo, el concepto de entrelazamiento de estados se usa en la ***Teleportación Cuántica***, que es una técnica para transportar un estado cuántico entre dos puntos propuesto inicialmente por un grupo de físicos franceses en 1993, entre los cuales se incluye a Charles H. Bennett y Gilles Brassard [18]. Una explicación más detallada de la *teleportación cuántica* se encuentra en el apéndice B de este apunte.

Nociones sobre el modelo estándar de la Física de Partículas

Aspectos Generales

La física de partículas estudia los componentes básicos de la materia que conforma nuestro universo y las interacciones entre ellos. Todo este conocimiento se representa a través del denominado Modelo Estándar de Física de Partículas, el que permite explicar con gran precisión multitud de fenómenos que observamos en la naturaleza.

De acuerdo a este modelo que se considera ampliamente aceptado y validado en las teorías de la física contemporánea establecidas hasta ahora, los ladrillos básicos que constituyen toda la materia del universo corresponden a dos clases de partículas indivisibles: quarks y leptones. Se exceptúa de lo anterior a los electrones, para las cuales aún no hay una teoría establecida sobre su estructura interna, por lo cual hasta ahora se les considera partículas puntuales y como veremos en una sección siguiente de estos apuntes, en una de las teorías más recientes pero aún no verificada experimentalmente a estas partículas se les asocia con los modos de vibración de cuerdas en dimensiones espaciales adicionales a las que conocemos (tres para la posición y una cuarta para el tiempo). A esta teoría se le llama *Teoría de Cuerdas*.

Los quarks son un tipo de partícula subatómica elemental que al interactuar fuertemente entre ellos constituyen la materia de los núcleos atómicos. Son las partículas de las que los protones y neutrones están hechos.

Los leptones son partículas con espín $\pm\ \frac{1}{2}$ que al igual que los quarks forman parte de la familia de los fermiones (como hemos dicho, estas son partículas que satisfacen el principio de exclusión). El leptón más conocido es el electrón y los otros leptones son el muón, tauón y tres tipos de neutrinos.

Se postula también la existencia de otro grupo de partículas elementales, que son los llamados *"bosones de gauge"* que actúan como portadores de las interacciones fundamentales, no satisfacen el principio de exclusión y tienen espín entero. Los bosones tipo Z y W son portadores de la interacción débil asociada a los procesos de desintegración radiactiva de las partículas subatómicas; el fotón, está asociado a la interacción electromagnética; y el gluón, se asocia con la interacción fuerte, responsable de mantener unidos a los nucleones (protones y neutrones) que coexisten en el núcleo de los átomos. En los últimos años se ha postulado la existencia de otro bosón, ***el bosón de Higgs***, que se considera como el responsable del origen de la masa de las partículas elementales [19-20], lo que se describe en la próxima sección en forma resumida.

El Bosón de Higgs

El bosón de Higgs es una partícula con masa de aproximadamente 125 veces la de un protón. Para generar una partícula como esta se requiere contar con un colisionador de hadrones como el construido cerca de Ginebra (*LHC: Large Hadron Collider*) y que consiste en un tubo al vacío y a una temperatura cercana a los cero Kelvin. Este tubo está enterrado y tiene la forma de un anillo con una longitud de 27 Km, a través del cual se hacen circular haces de protones en sentido opuesto que reciben una energía tal que se mueven con una velocidad cuya magnitud se aproxima a la de la luz (que en el vacío es 300.000 Km/seg). Al colisionar millones de protones entre sí se originan diversas partículas y en 2012 se descubrió que una de ellas corresponde al bosón de Higgs cuya existencia había sido predicha por el físico británico Peter Higgs y otros investigadores en los años 1960. Esta partícula produce un campo, llamado campo de Higgs que impregna todo el espacio de modo que al interaccionar con las otras partículas, estas adquieren masa, la que es mayor cuanto mayor sea la interacción con dicho campo.

Una explicación simplificada del mecanismo de Higgs se puede encontrar en referencias [20] y [21], considerando los siguientes conceptos básicos:

En la teoría cuántica, todas las partículas son *cuantos* asociados a campos que oscilan. Por ejemplo, si consideramos la producción de un par electrón-positrón mediante la aniquilación de un fotón de suficiente energía (superior al equivalente en energía de una masa dos veces la masa de un electrón, tomando en cuenta que un positrón es una partícula idéntica al electrón salvo que su carga eléctrica y espín son de signos opuestos), podemos asociar estas partículas con un campo electromagnético oscilante que es la representación ondulatoria de los fotones.

Para cada campo siempre es posible encontrar un estado con la menor energía posible, denominado *vacío* para el campo correspondiente. Para las partículas "comunes", se entiende por vacío la ausencia de partículas, es decir, cuando sus campos son nulos en cualquier punto. Cuando el campo en algún lugar es diferente de cero, entonces se dice que el estado del campo tiene una energía mayor a la del vacío.

Para el campo de Higgs, en el estado con la menor energía posible todo este campo llena completamente el espacio en donde se mueven las demás partículas. La oscilación del campo de Higgs, con respecto al "vacío promedio" mencionado es el llamado *bosón de Higgs*, que es el cuanta del campo de Higgs. La presencia de dicho campo se manifiesta a través de la manera en que el movimiento de las partículas se ve dificultado. Por acción de fuerzas externas, las partículas empiezan a moverse de manera más "pesada", lo que significa que las partículas han adquirido masa. La masa será mayor, cuanto más fuerte se acoplan con el campo de Higgs. Debemos tener presente que algunas partículas, como por ejemplo el fotón, no interactúan con el campo de Higgs, por lo que estas partículas no tienen masa, salvo ciertas condiciones particulares en que presentan una masa aparente, como se analiza en apéndice C.

El bosón de Higgs es una partícula masiva que interactúa con las partículas de manera proporcional a sus masas y su campo interactúa consigo mismo.

Sin embargo aún falta mucho para completar el marco teórico del modelo estándar y el descubrimiento del bosón de Higgs solo ha permitido hacer cálculos a energías menores que 1000 GeV (sector de bajas energías). No obstante esta limitante, el modelo estándar ha conseguido unificar en una sola teoría el efecto de tres de las fuerzas fundamentales de la naturaleza: electromagnética, fuerte y débil. Actualmente se están desarrollando diversas investigaciones en la comunidad científica para lograr la unificación completa de las cuatro fuerzas fundamentales, de modo de incluir también la interacción gravitatoria, pero hasta ahora no se ha logrado una teoría plenamente aceptada.

Reseña sobre teorías para unificar la Relatividad General con la Mecánica Cuántica

Introducción

Durante el siglo XX y hasta la fecha, han existido varios intentos de establecer una teoría de campo unificado, la que entre otros requisitos, cumpla con incluir totalmente la Teoría de la Relatividad General, contener el modelo estándar de partículas subatómicas y producir resultados finitos (tales que no se produzcan divergencias que hagan necesario una renormalización como se hace en la Teoría Cuántica de Campos).

La Mecánica Cuántica (MC) y la Relatividad General (RG) son actualmente teorías plenamente establecidas en su respectivo ámbito. Pero hasta la fecha no hay una teoría plenamente aceptada, que permita analizar en forma general situaciones que requieren incluir tanto efectos cuánticos como los producidos por la gravedad y descritos por la Relatividad General.

Por ejemplo, de acuerdo a la teoría del Big Bang el universo que conocemos en su origen habría tenido dimensiones infinitamente pequeñas y en los instantes iniciales ocurrieron muchos fenómenos físicos que originaron su expansión inicial. Para comprender adecuadamente estos fenómenos se requiere, por una parte, de la Mecánica Cuántica y la Teoría Cuántica de Campos que no incluyen efectos gravitatorios como los descritos por la Relatividad General y que seguramente fueron relevantes en los primeros instantes después de ocurrido el BigBang dada la enorme cantidad de masa concentrada en una región extremadamente pequeña. Por tal motivo se requiere de una teoría que combine la Mecánica Cuántica con la Relatividad General.

De acuerdo R. Hedrich [22] existe una incompatibilidad entre las teorías de la Mecánica Cuántica y la Relatividad General, entre otras razones, porque esta última considera en forma clásica al campo gravitacional, mientras que en la primera de ellas los campos tienen propiedades cuánticas que hacen razonable considerar la cuantización de la gravedad. Adicionalmente, se debe considerar que la formulación estándar de la Teoría Cuántica de Campos considera una métrica fija para el espacio tiempo, mientras que en la RG el espacio-tiempo y por lo tanto su métrica, son afectados por la materia.

Podemos decir que una primera unificación de teorías de la física se produjo a fines del siglo XIX cuando Maxwell unificó las teorías de la electricidad y del magnetismo. A comienzos del siglo XX, mientras Einstein desarrollaba su Teoría de la Relatividad

General, sólo se conocían la fuerza de la gravedad y la fuerza electromagnética. En 1914 el físico finlandés Gunnar Nordström fue el primero en unificar ambas fuerzas postulando una dimensión espacial extra. Sin embargo, la teoría formulada por Nordström solo logró ser una versión incompleta de la Relatividad General de Einstein. En las ecuaciones de la teoría de la Relatividad General formulada por Einstein, la fuerza gravitatoria se consideró en forma clásica. A pesar que la Teoría de la Relatividad General y la Teoría Electromagnética de Maxwell eran compatibles si se combinaban adecuadamente las ecuaciones correspondientes a cada una de estas teorías, los físicos de esos años intentaban encontrar un marco teórico adecuado que realmente unificara estas teorías como una sola entidad, en forma análoga a lo que hizo en su momento Maxwell al unificar las teorías de la Electricidad y del Magnetismo en la Teoría Electromagnética postulada a fines del siglo XIX.

En 1921 el físico alemán Theodor Kaluza obtuvo un mayor avance en este propósito al postular un espacio de cinco dimensiones, tal que al reducir una de ellas a un pequeño círculo se obtiene el campo electromagnético de Maxwell unido al campo gravitatorio de Einstein. Kaluza demostró que la hipótesis de un espacio de 5 dimensiones (1 temporal, las 3 espaciales habituales y una dimensión espacial extra) hacía posible que las ecuaciones de maxwell tuvieran un carácter geométrico en el espacio-tiempo. Su teoría original no explicaba la presencia de cargas libres ni justificaba la dimensión extra, que aparecía solo como una intuición de Kaluza. Cinco años más tarde, en 1926, el físico sueco Oskar Klein aportó un nuevo formalismo matemático a la teoría de Kaluza y formuló una interpretación que permitía comprender la existencia de dicha dimensión extra y la razón por la cual no sería observable. En el contexto histórico de esa época, esto abría las puertas a lograr una teoría unificada consistente. Sin embargo, con el desarrollo de la Física Cuántica y el descubrimiento de las fuerzas nucleares, la teoría de Kaluza-klein, que originalmente era una teoría clásica,   pasó a un segundo plano. La razón principal fue que sus predicciones no correspondían con las obtenidas mediante la Física Cuántica.

No obstante, se continuaron efectuando intentos para generalizar la teoría de Kaluza-Klein introduciendo más dimensiones, con la esperanza que los problemas de esta teoría podrían resolverse una vez incluidas todas las fuerzas bajo el mismo marco. Esto dió origen a la **Supergravedad** (teoría que unifica en un mismo modelo teórico las fuerzas conocidas de la naturaleza) y a la **Supersimetría** (simetría hipotética que podría relacionar las propiedades de los fermiones y los bosones, de modo que cada partícula bosónica tendría un "compañero supersimétrico" de tipo fermiónico y viceversa). Paralelamente, a partir de la década de los años 80 se comenzaron a desarrollar distintas versiones de la teoría de cuerdas considerando diez dimensiones y que en parte tuvo su fundamento en la teoría de Kaluza-Klein.

El objetivo de esta sección es entregar al estudiante un panorama conceptual de la teoría de cuerdas (TC) y la teoría de lazos cuánticos de gravedad, formulaciones teóricas que hasta ahora parecen ser las principales candidatas a constituirse en una teoría unificada. Ambas teorías poseen un formalismo matemático que les proporciona un marco teórico robusto, pero para ninguna de ellas ha sido posible lograr evidencia experimental a pesar de la profusa investigación que se continúa desarrollando por parte de diversos científicos en distintos países.

Aspectos generales de la Teoría de Cuerdas (TC)

Esta teoría es un modelo físico que intenta explicar la naturaleza de la materia y sus interacciones (gravedad, electromagnetismo y fuerzas nucleares), postulando que nuestro universo está compuesto de cuerdas o filamentos vibrando en un espacio con un número de dimensiones superior a las cuatro de la teoría de la relatividad (tres espaciales y una cuarta correspondiente al tiempo) .

De acuerdo a la teoría de cuerdas (TC), partículas como el electrón, protón o neutrón corresponden a modos de oscilación de cuerdas infinitesimales, que al oscilar de una manera diferente, dan lugar a todas las partículas conocidas, en forma análoga a las notas de una escala armónica.

La historia de esta teoría se remonta a 1968 cuando el físico italiano Gabriele Veneziano encontró que una gran cantidad de resultados obtenidos en los colisionadores de partículas de esa época tenían una correspondencia con la función gamma y beta de Euler. Veneziano descubrió una fórmula para describir el comportamiento de las interacciones entre partículas elementales en la teoría de cuerdas. Esta fórmula establece una conexión entre la amplitud de dispersión para partículas que interactúan mediante intercambio de *reggeones* (excitaciones asociadas la dinámica de las cuerdas vibrantes) en la teoría de cuerdas y la función gamma de Euler. La función beta de Euler también está relacionada con esta formulación. Esta conexión fue un paso crucial en el desarrollo temprano de la teoría de cuerdas y ayudó a establecer la base matemática para su estudio posterior.

En 1969, el físico danés Holger Nielsen y los físicos estadounidenses Yoichiro Nambu y Leonard Susskind demostraron que esta correspondencia se explica si las partículas son consideradas como cuerdas vibrantes en lugar de partículas puntuales.

Hasta la década de 1970, los desarrollos teóricos de la física se habían basado en el modelo de partículas puntuales, sometidas a interacciones y con una dinámica dependiente de su entorno. De acuerdo a las teorías clásicas de la Mecánica Clásica y de la Teoría Electromagnética, las interacciones se describen mediante fuerzas que varían en forma inversamente proporcional al cuadrado de la distancia entre ellas, como es el caso de las ecuaciones para la fuerza de atracción gravitatoria y la ley de Coulomb para la atracción o repulsión de cargas eléctricas. Para la interacción entre dos partículas como un par de electrones, estos generalmente se representan como puntos matemáticos ideales. Pero, si la distancia entre ellos tiende a cero, la fuerza tiende a infinito y estas teorías clásicas no resultan adecuadas.

En la formulación original de la teoría de cuerdas, los bloques elementales que constituyen la materia no son puntos de dimensión cero, sino bucles de una sola dimensión en la forma de hilos muy finos, a los que se les llamó *cuerdas*. La longitud de estas cuerdas es del orden de la longitud de Planck ($\sim 1{,}6 \cdot 10^{-35} \, m$). De acuerdo a la segunda idea fundacional de la teoría de cuerdas, estas tienen distintos modos de oscilación, cada uno de los cuales origina a las partículas conocidas como fermiones (tales como electrones, protones, neutrones, por ejemplo) y bosones ("mensajeros de la interacción", tales como fotones para la fuerza electromagnética y gluones para la interacción entre quarks, por ejemplo).

En 1971 Bunji Sakita y Jean-Loup Gervais demostraron que la TC poseía una nueva forma de simetría llamada Supersimetria que propone una simetría entre bosones y fermiones, de modo que cada partícula del Modelo Estándar tiene una pareja cuyo espín difiere en el valor de su espín en 1/2. Esto significa que a cada bosón (partícula con espín entero) le corresponde un fermón (partícula con espín entero) y viceversa. Esto fue propuesto por primera vez en la teoría de cuerdas bosónica formulada inicialmente en los años 60, la que predecía la existencia de taquiones (partículas hipotéticas que se mueven con velocidad superior a la de la luz) y la ausencia de fermiones. Sin embargo, esta teoría no fue plenamente aceptada ya que si las cuerdas son las componentes de todo en el universo, deben existir patrones de vibratorios de carácter fermiónico. Este problema fue superado al postular que por cada patrón bosónico debe existir un patrón fermiónico.

En 1974 la TC fue mejor aceptada por la comunidad científica gracias a los trabajos de Jöel Scherk y John H. Shwarz quienes demostraron que dentro de los modos de oscilación de las cuerdas hay uno correspondiente a una partícula de masa nula y espín 2, coincidiendo con el hipotético gravitón asociado a un "cuanto" de energía gravitacional.

Entre 1970 y 1984 se formularon numerosos modelos de teorías de cuerdas, muchos de los cuales de descartaron por inconsistencia e incompatibilidad entre sí. Los modelos más aceptados consideraban cuerdas abiertas y cerradas. Además fue necesario incluir dimensiones adicionales a las correspondientes a las tres coordenadas espaciales y al tiempo, llegando a postular un espacio de diez dimensiones, seis de las cuales serían ocultas no siendo posible detectarlas con la tecnología actual en laboratorios aceleradores de partículas por la alta energía necesaria. Cabe señalar que actualmente la máxima energía posible no supera los 13.000 GeV que es la que tiene el Gran Colisionador de Hadrones (LHC) del CERN en Suiza (esto implica una muy alta densidad de energía a concentrar en dimensiones atómicas, por lo cual parece muy difícil superar este límite con la tecnología actual) . La escala de la teoría de cuerdas, es decir, cuán pequeñas son las dimensiones en que se debe explorar para su verificación experimental es del orden de 10^{-35} metros, lo que corresponde a la llamada **_longitud de Planck_**. Su equivalente de energía, es decir, la energía necesaria para excitar los grados de libertad extra, es $E \sim 10^{19}\ GeV$. Si la TC es correcta, el universo inicial podría haber tenido al menos diez dimensiones. Pero era un espacio inestable y seis de estas dimensiones, de alguna forma se contrajeron haciéndose demasiado pequeñas para ser observables. Nuestros átomos son demasiado grandes para penetrar en estas dimensiones (recordar que las dimensiones asociadas a un átomo como sistema cuántico son del orden de 10^{-11} mt).

En 1984 las investigaciones de Jöel Scherk y John H. Shwarz demostraron que la teoría de cuerdas puede describir no solo la fuerza gravitatoria, sino que además las interacciones electromagnética, nuclear fuerte y nuclear débil, por lo que esta teoría se comenzó a considerar como una candidata para constituirse como la gran teoría unificadora.

En 1995, el físico estadounidense Edward Witten postuló que las teorías de cuerdas existentes se podían entender como versiones parciales y complementarias de una sola teoría fundamental a la que se llamó teoría M. Fue capaz de explicar la razón por la cual había cinco teorías de cuerdas distintas: había cinco formas para condensar una menbrana de once dimensiones en una cuerda de diez. Las cinco versiones de la teoría de cuerdas eran representaciones matemáticas diferentes de la misma teoría M. Inspirado en el principio de incertidumbre de Heisenberg para la Mecánica Cuántica, Witten postuló que "al igual que la Mecánica Cuántica impone un límite a la precisión con que puede definirse la trayectoria de una partícula, la teoría de cuerdas limita la precisión con la que es posible definir el espacio-tiempo". Para explicar las dimensiones ocultas, Witten usa una analogía con la Mecánica Cuántica en la cual existen "variables bosónicas" no afectadas por la incertidumbre cuántica tales como el espacio, el tiempo o el campo eléctrico. Las dimensiones habituales del espacio-tiempo (altura, longitud, ancho y tiempo) son perceptibles y mensurables, por lo cual se dice que tienen un carácter bosónico. En tanto que el comportamiento de partículas fermiónicas como electrones, quarks y neutrinos está sometido al principio de incertidumbre de Heisenberg, por lo cual se dice que tiene un carácter fermiónico, lo que origina la necesidad de introducir dimensiones adicionales en la teoría de cuerdas no detectables por los procedimientos convencionales.

Cada solución de la teoría de cuerdas es todo un universo y parece haber un número infinito de soluciones, cada una de las cuales describe una teoría de la gravitación finita y lógica, que en nada se parece a nuestro universo. En muchos de estos universos paralelos, el protón no sería estable, sino que se desintegraría en una nube de electrones y neutrinos.

Es probable que este problema sea común a cualquier teoría del todo, que tendrá un número infinito de soluciones en función de las condiciones iniciales. Una teoría del todo debería contener de algún modo sus propias condiciones iniciales.

La TC puede predecir nuestro universo, pero no uno solo. De acuerdo al denominado *principio antrópico* nuestro universo es el único que tiene las condiciones necesarias para hacer posible la vida inteligente. Este principio sugiere que las leyes físicas y las condiciones del universo están ajustadas de tal manera que permiten la existencia de la vida, específicamente la vida inteligente mediante la cual es posible observar y reflexionar sobre el universo.

La principal crítica a la TC es que no se puede verificar experimentalmente. Por ejemplo, los gravitones predichos por esta teoría tienen una energía, llamada ***Energía de Planck***, que es mil billones de veces superior a la que produce el Gran Colisionador de Hadrones (LHC) instalado en Suiza, cerca de Ginebra.

Para una introducción a la teoría de cuerdas, se recomienda leer el libro de Stephen S. Gubser, *The Little Book of String Theory* [23].

Teoría de Lazos Cuánticos de Gravedad (TLCG)

En 1986 el físico indio Abhay Ashtekar notó que se podía reescribir la teoría de Einstein en en forma semejante a la usada para describir la interacción fuerte y la electrodébil. Inicialmente esto produjo una gran esperanza de que las técnicas usadas para cuantizar dichas teorías se podrían aplicar para cuantizar la Relatividad General.

Ashtekar junto a un grupo de otros físicos integrado por Lee Smolin, Carlo Rovelli y Ted Jacobson comenzaron a trabajar en la formulación de esta teoría sin asumir que el espacio es continuo y suave, y considerando dos principios básicos. Uno de ellos establece que la geometría del espacio tiempo no es fija sino que evoluciona en forma dinámica (**independencia de fondo**). La geometría se determina mediante la resolución de un conjunto de ecuaciones que incluyen todos los efectos de la materia y de la energía. El segundo principio se denomina *difeomorfismo* y establece que un punto en el espacio tiempo se define solo por lo que sucede físicamente en él y no por su localización de acuerdo a un conjunto particular de coordenadas.

En base a estos dos principios y usando las técnicas estándar de la Mecánica Cuántica, estos físicos concluyeron que el espacio está cuantizado, lo que los llevó a formular una teoría cuántica para la estructura del espacio tiempo a escalas infinitesimalmente pequeñas obteniendo que tanto el área como el volumen son cantidades discretas en forma análoga a la energía de los átomos. Los valores posibles de volumen y área se expresan en unidades de la longitud de Planck (10^{-35} m). Para el lector interesado en conocer más de este tema, se recomienda analizar la publicación de Lee Smolin, *Atoms of Space and Time* [24]. Esto se ilustra en la figura 30 para el área cuantizada, observando una similitud con el espectro de los niveles de energía del átomo de Hidrógeno.

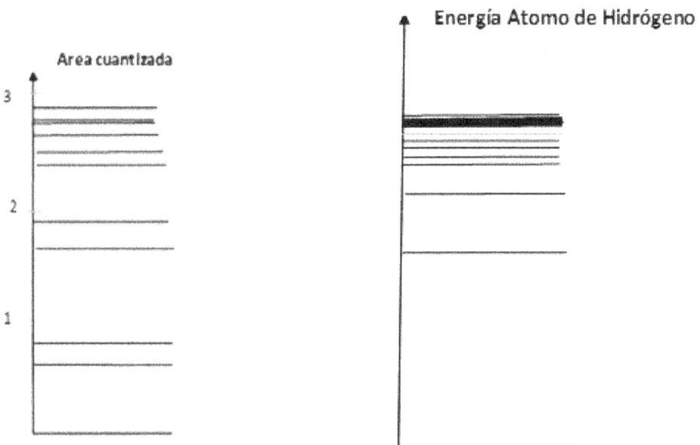

Figura 30. Cuantización del área en TLCG y comparación con los niveles de energía del átomo de Hidrogeno

Para representar estados cuánticos de espacio a la escala de Planck se usan diagramas llamados redes de espín. Por ejemplo, un cubo que corresponde a un volumen encerrado por seis caras cuadradas se representa como se indica en lado izquierdo de la figura 31, para el caso que cada arista tenga una longitud 2.

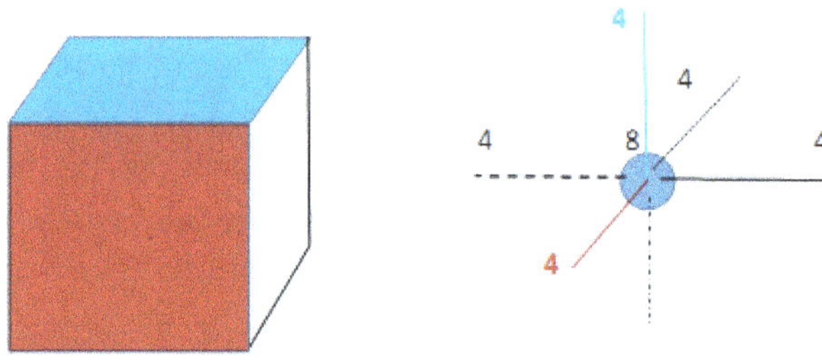

Figura 31. Red de Espín para un cubo según TLCG

En la red de espín mostrada a la derecha de la figura 31, el punto azul al centro (nodo) representa el volumen y las seis líneas representan las caras del cubo. Si en unidades de la longitud de Planck cada lado del cubo tiene una longitud igual a 2, el número junto al nodo corresponde al volumen (8 en este caso) y los números junto a cada línea representan el área de cada cara (4 en este caso).

Estas redes de espín representan la geometría del espacio. Partículas, como el electrón, se representan por nodos especiales agregando más símbolos en los nodos. Los campos se representan agregando más símbolos en las líneas. El movimiento de partículas y campos en el espacio se representa mediante el cambio discreto de estos símbolos.

De acuerdo a la Teoría de la Relatividad General, la geometría del espacio cambia en el tiempo. En la teoría de lazos cuánticos de gravedad (TLCG) esto se representa mediante cambios en los grafos que evolucionan en el tiempo mediante una sucesión de movimientos y modificaciones en su conectividad. Estos cambios y movimientos representan procesos que ocurren con una cierta probabilidad, la que en esta teoría se determina en forma análoga a lo que se hace en Mecánica Cuántica.

Comparación entre la Teoría de Cuerdas y la Teoría de Lazos Cuánticos de Gravedad

Entre los intentos de unificar la teoría cuántica y la gravedad, la teoría de cuerdas ha atraído la mayor atención. Su premisa es que todas las partículas provienen de la oscilación de cuerdas infinitesimalmente pequeñas. Las cuerdas pueden cerrarse por sí mismas o tener extremos sueltos; pueden vibrar, estirarse, unirse o dividirse. A través de estas múltiples apariencias se podrían explicar la mayoría de los fenómenos observados, incluidos la materia y el espacio-tiempo. Sin embargo, uno de los aspectos que es motivo de discusión por parte de los especialistas en esta teoría aún no verificada, es la fuente de energía que mantiene a las cuerdas en vibración. No hay una respuesta clara a la pregunta ¿de dónde proviene la energía necesaria para mantener las vibraciones de estas cuerdas?

Por su parte, la Teoría de la Gravedad Cuántica se concentra más que en la materia contenida en el espacio-tiempo, en sus propiedades cuánticas. En la Teoría de la Gravedad Cuántica de bucle, o LQG (Loop Quantum Gravity), el espacio-tiempo es una red formada por nodos y enlaces a los que se asignan las propiedades cuánticas. De esta forma, el espacio se construye a partir de fragmentos discretos cuyas propiedades y dinámica son estudiadas mediante la teoría LQG.

La teoría de lazos cuánticos de gravedad es una hipótesis más conservadora que la teoría de cuerdas. A partir de las ecuaciones de la relatividad general de Einstein y al igual que la teoría de cuerdas, intenta fusionar las teorías de la Relatividad y la Mecánica Cuántica, aunque sin la elegancia y consistencia matemática que presenta la TC. La TLCG no considera más dimensiones que las habituales y trata de incorporar la Relatividad General, conservando muchas características de esta y además cuantizando el espacio-tiempo.

Estas teorías cuánticas de la gravedad surgieron desde dos puntos de vista de la física teórica actual. La teoría de supercuerdas emergió de la comunidad de la física de partículas y fue formulada originalmente como una teoría que dependía de un espacio-tiempo de base, plano o curvado, que obedecía las ecuaciones de Einstein. Ahora se sabe que solo es una aproximación de una teoría subyacente aún no establecida que es la llamada teoría M. Esta teoría busca unificar las diferentes versiones de la teoría de cuerdas, así como las teorías de supergravedad, en un marco teórico coherente. El nombre "teoría M" proviene de "misterio", "magia" o "membrana", ya que su naturaleza exacta aún no se comprende completamente. Es una teoría de campo cuántico que describe las interacciones fundamentales, como la gravedad, a nivel cuántico. Su objetivo es proporcionar una descripción unificada de todas las fuerzas fundamentales de la naturaleza, incluida la gravedad, y busca reconciliar la Teoría Cuántica con la Relatividad General.

Comparando la TLCG y la teoría de supercuerdas, estas parecen complementarias. La teoría de supercuerdas recupera fácilmente la gravedad clásica, pero carece de una descripción fundamental del substrato espacio-temporal. La TLCG es una teoría independiente del substrato, pero existen dificultades para recuperar el límite clásico.

Esto hace pensar a algunos físicos teóricos que la TLCG y la teoría de supercuerdas pueden ser dos aspectos de una misma teoría subyacente y cuya síntesis conducirá a una teoría completa de la gravedad cuántica. Por el momento, todo esto es solo una formulación teórica sin evidencia, pero existe la expectativa que ambas teorías se puedan unificar. Hasta hace poco se creía que la TLCG no podía ser formulada en un espacio-tiempo con un número de dimensiones mayores de cuatro. Pero en 2011, se descubrió una versión de la teoría que permite extender las técnicas de esta teoría a un número arbitrario de dimensiones (<u>Supergravedad Cuántica de Bucles</u>, o LQSG por *Loop Quantum Supergravity*).

En tabla 8 se muestra una comparación entre los principales aspectos de estas teorías.

TABLA 8	CUADRO COMPARATIVO ENTRE LA TC y LA TLCG	
	Teoría de Lazos Cuánticos de Gravedad	**Teoría de Cuerdas**
DEFINICIÓN	Busca una teoría cuántica de la gravedad combinando la Mecánica Cuántica y la Relatividad General.	Las partículas puntuales se reemplazan por cuerdas vibrantes
UNIFICACIÓN INTERACCIONES FUNDAMENTALES	No busca unificar las interacciones	Unifica las cuatro interacciones fundamentales
SUPERSIMETRÍA	No la requiere	Ocurre entre fermiones y bosones
ENFOQUE	Considera aspectos de la relatividad general	Considera aspectos de la teoría cuántica

Apéndices

A. Sobre la Ecuación de Schrödinger

Motivado por las ideas formuladas por Louis de Broglie sobre la dualidad partícula-onda, Erwin Schrödinger se propuso encontrar una función de onda para el electrón.

Entre los años 1925 y 1926, Schrödinger propuso una forma para la ecuación de onda que describiese en forma relativista la dinámica de un electrón en un campo de Coulomb [25]. Sin embargo, esta ecuación condujo a resultados que no concordaban con los estados de energía aceptados en esa época para el átomo de hidrógeno, con lo cual Schrödinger suspendió su intento y más tarde se propuso llevar a cabo un tratamiento no relativista, con lo cual publicó su famosa ecuación en artículos del año 1926.

La deducción exacta que hizo Schrödinger para obtener su ecuación se ha mantenido en un misterio, a pesar que es una ecuación ampliamente aceptada por la comunidad científica y plenamente compatible con todos los resultados experimentales. Entre las numerosas aplicaciones de esta ecuación, cabe señalar que además de permitir la comprensión de diversos fenómenos cuánticos (como por ejemplo el efecto fotoeléctrico, el efecto túnel, el láser, las reacciones nucleares, etc.) proporciona el fundamento teórico para analizar el movimiento de portadores de carga en conductores y semiconductores y muchos otros efectos que tienen innumerables aplicaciones tecnológicas.

Existen muchos intentos alternativos para obtener esta ecuación. En los cursos básicos de Física Cuántica se suele interpretar esta ecuación a partir de la relación para la energía de una partícula de masa m que se mueve en una región con potencial dependiente de la posición pero independiente del tiempo. A continuación presentamos la forma usual en que en muchos textos y cursos básicos de Física Cuántica, se entregan los argumentos para comprender la ecuación de Schrödinger.

Si por simplicidad consideramos el movimiento en una sola dirección (digamos x), la energía de esta partícula está dada por:

$$E = \frac{p^2}{2m} + V(x)$$

, en que p es su cantidad de movimiento lineal. En base al comportamiento ondulatorio de una partícula como el electrón, aceptemos que dicho comportamiento se puede describir mediante una onda plana que escribimos como $\psi(x, t) = A exp[i(kx - \omega t)]$, en que A es la amplitud, k es el número de onda o período especial y ω es la frecuencia angular de oscilación que depende de la energía. Usando la longitud de onda de Broglie $\lambda = \frac{h}{p} = 2\pi/k$ obtenemos $k = p/\hbar$. A partir de la segunda derivada parcial de $\psi(x,t)$ se obtiene:

$$\frac{\partial^2}{\partial x^2}\psi(x,t) = -k^2\psi(x,t) = -\frac{p^2}{\hbar^2}\psi(x,t)$$

Por otra parte, la primera derivada parcial de $\psi(x,t)$ respecto al tiempo es

$$\frac{\partial\psi(x,t)}{\partial t} = -i\omega\psi(x,t) = -i\frac{E}{\hbar}\psi(x,t)$$

Combinando estas dos últimas ecuaciones y considerando la relación para la energía total de la partícula $E = \frac{p^2}{2m} + V(x)$, se verifica que la función $\psi(x,t) = Aexp[i(kx - \omega t)]$ es una solución de la ecuación

$$i\hbar\,\frac{\partial\psi}{\partial t} = -\frac{\hbar^2}{2m}\frac{\partial^2}{\partial x^2}\psi + V(x)\,\psi$$

Esta es la ecuación de Schrödinger para una partícula de masa m sometida a un potencial estático dependiente de la posición.

Como hemos dicho, existen muchos artículos con diferentes deducciones de esta ecuación. Complementando el argumento típico de plausibilidad de esta ecuación, en este apéndice mostramos un resumen de la deducción efectuada por David W. Ward y Sabine M. Volkmer para el caso de una partícula que se mueve en una región en que no experimenta interacción [26].

Comenzando con la ecuación para una onda electromagnética plana que se propaga en el espacio libre en la dirección x y considerando el caso en que la onda está polarizada linealmente de modo que su vector campo eléctrico está en la dirección **y**, la ecuación de onda para este caso es:

$$\left(\frac{\partial^2}{\partial x^2} - \frac{1}{c^2}\frac{\partial^2}{\partial t^2}\right)E(x,t) = 0 \tag{1}$$

La solución de esta ecuación es

$$E(x,t) = E_o exp[i(kx - \omega t)] = E_o exp\left[\frac{i}{\hbar}(px - \epsilon t)\right] \tag{2}$$

En la ecuación anterior, se ha considerado que esta onda está asociada con un fotón que se mueve con momentum $p = \hbar k$ y energía $\epsilon = \hbar \omega$, de modo que al considerar nula la masa del fotón, se tiene la siguiente relación entre energía y momentum: $\epsilon = cp$.

Para una partícula relativista con masa m la relación entre energía y momentum es

$$\epsilon_{rel}^2 = (cp)^2 + (mc^2)^2 \tag{3}$$

Esta relación se cumple para la ecuación de Klein- Gordon [27]

$$\frac{\partial^2}{\partial x^2}\psi - \frac{m^2 c^2}{\hbar^2}\psi = \frac{1}{c^2}\frac{\partial^2}{\partial t^2}\psi \tag{4}$$

, en que ψ es la función de onda que representa la densidad de un campo de bosones con espín cero. En el límite en que la masa m tiende a cero, se deduce que la ecuación de Klein-Gordon tiene una forma similar a la ec. (1) que describe una onda electromagnética plana que se propaga en el espacio libre.

Podemos verificar que la solución de la ecuación de Klein-Gordon tiene como solución una función de onda de la misma forma que la ec. (2). En efecto, si consideramos la función de onda

$$\psi(x, t) = \psi_o exp\left[\frac{i}{\hbar}(px - \epsilon_{rel}t)\right] \tag{5}$$

y la sustituimos en la ecuación de Klein Gordon, obtenemos la expresión relativista para la energía ϵ_{rel} correspondiente a la ec. (3).

Si $p << mc$ la ec. (3) se puede aproximar como:

$$\epsilon_{rel} = \sqrt{(cp)^2 + (mc^2)^2} = mc^2\sqrt{1 + \frac{p^2}{m^2 c^2}} \approx mc^2\left(1 + \frac{1}{2}\frac{p^2}{m^2 c^2}\right) = mc^2 + K_{cin} \tag{6}$$

, en que $K_{cin} = p^2/2m$ es la expresión clásica para la energía cinética de una partícula de masa m con momentum p.

Usando la expresión aproximada (6) para ϵ_{rel} y sustituyendo en (5):

$$\psi(x, t) = \psi_o exp\left[\frac{i}{\hbar}(px - mc^2 t - K_{cin}t)\right]$$

$$= e^{-imc^2 t}\psi_o exp\left[\frac{i}{\hbar}(px - K_{cin}t)\right] \tag{7}$$

Definiendo $\phi \equiv \psi_o\, exp\left[\frac{i}{\hbar}(px - K_{cin}t)\right]$ se tiene

$$\psi(x,t) = e^{-imc^2 t}\phi \tag{8}$$

A continuación obtenemos la segunda derivada parcial de $\psi(x,t)$ respecto al tiempo de modo de usarla en la ec. (4). Después de un poco de ejercicio de derivación y algebra, se obtiene:

$$\frac{\partial^2}{\partial t^2}\psi = -\frac{m^2 c^4}{\hbar^2}e^{-\frac{i}{\hbar}mc^2 t}\phi - \frac{2i}{\hbar}mc^2 e^{-\frac{i}{\hbar}mc^2 t}\frac{\partial\phi}{\partial t} + e^{-\frac{i}{\hbar}mc^2 t}\frac{\partial^2\phi}{\partial t^2} \tag{9}$$

Comparando las magnitudes del segundo término con respecto al tercero en el lado derecho de esta última ecuación, se deduce que este último se puede despreciar con respecto a los otros dos.

En efecto, la relación entre la magnitud del tercer término con respecto al segundo, se puede verificar que es

$$\frac{\left|e^{-\frac{i}{\hbar}mc^2 t}\frac{\partial^2\phi}{\partial t^2}\right|}{\left|\frac{2i}{\hbar}mc^2 e^{-\frac{i}{\hbar}mc^2 t}\frac{\partial\phi}{\partial t}\right|} = \frac{p^2}{4m^2 c^2} << 1 \text{ en el límite no relativista.}$$

Por lo tanto, en el límite no relativista se puede descartar el tercer término a la derecha de la ec. (9) y sustituyendo en (4), se obtiene la ecuación de Schrödinger para una partícula libre:

$$i\hbar\frac{\partial\phi}{\partial t} = -\frac{\hbar^2}{2m}\frac{\partial^2\phi}{\partial x^2} \tag{10}$$

B. Fundamentos de la Teleportación Cuántica

Una de las principales aplicaciones de la teoría de la información cuántica es la *teleportación*, que se basa en una propiedad particular llamada *entrelazamiento cuántico* de estados (*quantum entanglement*), la cual permite transportar un estado cuántico específico a distancia. Para el caso de dos partículas, este concepto significa que la medición de alguna propiedad en cualquiera de ellas afecta el resultado de la medición de la misma propiedad en la otra partícula, independientemente de la separación entre ellas. Por ejemplo, consideremos que estas dos partículas son electrones y que la propiedad a medir corresponde a la orientación de su vector espín.

Supongamos que inicialmente estos electrones se encontraban en un estado con espín nulo para el par, de modo que si uno de ellos tiene espín en la dirección z positiva (estado que para fines de nuestro análisis denotaremos como $|0\rangle$), el otro tiene su espín en la dirección z negativa (estado que denotaremos como $|1\rangle$). Si estos electrones se alejan una distancia arbitraria y se mide la orientación del espín de uno de los electrones obteniendo por ejemplo que se encuentra en el estado $|0\rangle$, al efectuar en ese mismo instante una medición en el electrón distante se obtendrá que este se encuentra en el estado $|1\rangle$ y viceversa, independientemente de la distancia entre ellos. Esto significa que la información sobre una de estas partículas está instantáneamente relacionada con la información sobre la otra partícula. Se dice que estas partículas forman un par EPR, denominación que hace referencia al paper de Albert Einstein, Boris Podolsky y Nathan Rosen publicado en 1935 [7], en el cual se argumenta que el entrelazamiento cuántico no es compatible con la teoría de la relatividad, ya que aparentemente se estaría transmitiendo información en forma instantánea entre la dos partículas. Sin embargo, las correlaciones entre estados cuánticos no se pueden usar para transmitir información útil entre observadores asociados a ambas partículas. La información útil solo se puede obtener mediante comparación de los resultados de las mediciones efectuadas para cada electrón y para ello no es posible una comunicación más rápida que la velocidad de la luz.

La idea de la teleportación cuántica es utilizar este tipo de correlaciones no locales entre un par EPR de partículas para preparar un sistema cuántico en algún estado, que es la copia exacta de un estado desconocido arbitrario producido en otro lugar distante. Aunque a este proceso se le llama teleportación, no hay movimiento de materia de un lugar a otro, sino que se trata de una transferencia del estado cuántico de una partícula a otra.

En términos sencillos, el proceso de teleportación cuántica generalmente involucra tres partículas: A, B y C. Supongamos que queremos teleportar la información cuántica de A a C. Lo que se hace es entrelazar cuánticamente A y B, de manera que B y C también estén entrelazadas. Luego, se realiza una medición en A y B, y la información medida en A se comunica a B. Como resultado de esta comunicación y del entrelazamiento entre las partículas, la partícula C adopta el estado cuántico original de la partícula A.

La clave aquí es que la información cuántica se transfiere sin que la partícula A viaje físicamente a la ubicación de la partícula C. Este proceso se basa en el principio del entrelazamiento cuántico, y ha sido demostrado experimentalmente con partículas subatómicas con separaciones de varios kilómetros, existiendo diversas publicaciones al respecto. La teleportación cuántica tiene aplicaciones potenciales en la computación cuántica y en la transmisión segura de información cuántica. Para estudiar este tema en mayor detalle se recomienda al lector revisar las referencias [28-29].

A continuación y en base a la figura 32 se muestra una explicación general de la teleportación, la que hace referencia a una parte (llamada Alicia) que quiere transferir un estado cuántico desconocido a otra parte (llamada Roberto), empleando solamente algunos estados cuánticos entrelazados compartidos y un canal clásico de información para lograr comunicar los resultados de sus mediciones.

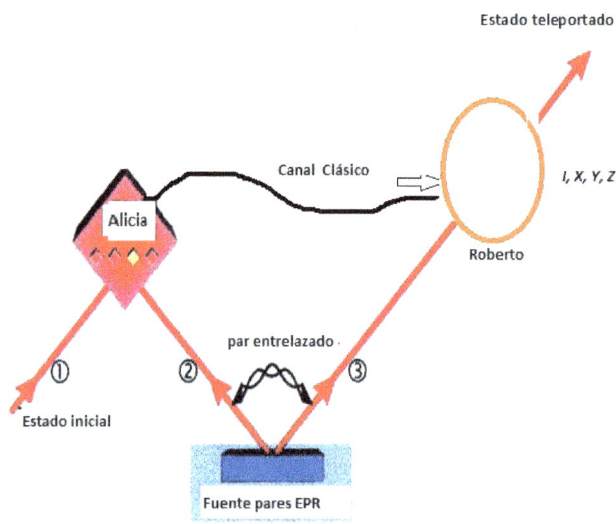

Figura 32. Esquema del proceso de teleportación de un estado cuántico.

Alicia y Roberto comparten un par EPR representado como $|\beta_{00}\rangle$ tal que:

$$|\beta_{00}\rangle = \frac{1}{\sqrt{2}}(|0_A 0_B\rangle + |1_A 1_B\rangle) \tag{1}$$

En el lado derecho de esta última ecuación los subíndices A y B denotan las partículas de Alicia y Roberto, respectivamente. Estos subíndices se relacionan con las líneas 1 y 2 en la figura 27.

Luego se separan llevándose cada uno un qubit del par EPR. Este par EPR corresponde a uno de los cuatro estados de Bell, que se han propuesto a través de diversas investigaciones, entre las cuales podemos mencionar las de los físicos David Bohm y Yakir Aharonov. En un instante dado Alicia decide enviarle a Roberto un qubit $|\psi\rangle$ cuyo estado es desconocido para ella. Alicia sólo dispone de la posibilidad de enviarle a Roberto bits clásicos y ambos disponen de hardware cuántico, por lo cual ejecutan el siguiente experimento:

Estado a teleportar:

$$|\psi\rangle = \alpha|0\rangle + \beta|1\rangle \tag{2}$$

, en que α y β son números complejos desconocidos, tales que:

$$|\alpha|^2 + |\beta|^2 = 1 \tag{3}$$

- Estado inicial combinado :

$$\left|\psi_0\right\rangle = |\psi\rangle \otimes |\beta_{00}\rangle = \frac{1}{\sqrt{2}}\{\alpha|0\rangle(|0_A 0_B\rangle + |1_A 1_B\rangle) + \beta|1\rangle(|0_A 0_B\rangle + |1_A 1_B\rangle)\} \tag{4}$$

Mediante procesamiento de este estado combinado, uso de compuertas cuánticas y mediciones de variables como espín de electrones o polarización de fotones entrelazados (para mayor detalle se recomienda al lector interesado estudiar, por ejemplo, las referencias [28-29]), Alicia envía a Roberto información sobre los resultados de sus mediciones a través de un canal clásico de comunicación, la que se codifica en la forma de los bits 00, 01, 10, 11. De acuerdo a a los bits recibidos, Roberto puede recuperar el estado inicial efectuando la correspondiente operación decodificadora según se indica en la siguiente tabla:

Bits recibidos	*Estado*	*Decodificación*
00	$\alpha|0\rangle + \beta|1\rangle$	I
01	$\alpha|1\rangle + \beta|0\rangle$	X
10	$\alpha|0\rangle - \beta|1\rangle$	Z
11	$\alpha|1\rangle - \beta|0\rangle$	Y

La última columna de esta tabla indica la operación decodificadora que Roberto debe aplicar para conocer el estado que fue teleportado:

I es la operación identidad

X efectúa la transformación $|0\rangle \rightarrow |1\rangle$, $|1\rangle \rightarrow |0\rangle$

Y efectúa la transformación $|0\rangle \rightarrow i|1\rangle$, $|1\rangle \rightarrow -i|0\rangle$

Z efectúa la transformación $|0\rangle \rightarrow |0\rangle$, $|1\rangle \rightarrow -|1\rangle$

Si por ejemplo Roberto recibe los bits 11, al efectuar la operación Y obtiene el qubit $-i(\alpha|0\rangle + \beta|1\rangle)$, lo que salvo el factor de fase $-i$ le permite obtener el qubit original.

C. Mecanismo de Higgs y Masa Adquirida

En referencias [19-20] se presenta una explicación didáctica sobre este mecanismo considerando un sistema masa-resorte, en que la masa tiene una carga eléctrica. En forma resumida esta explicación es la siguiente:

Al efectuar este sistema masa-resorte un movimiento armónico simple de frecuencia ω , la carga eléctrica asociada a la masa produce radiación electromagnética lo que implica emisión de fotones, cada uno con energía $E = \hbar\omega$. Como es sabido de cursos básicos de Electromagnetismo, las cargas aceleradas emiten radiación electromagnética, lo que en la representación corpuscular de esta corresponde a fotones, como hemos señalado previamente en estos apuntes. De la relación entre masa y energía de la Teoría de la Relatividad, a esta energía se le puede asociar una masa equivalente del fotón igual a $m_{fotón} = \hbar\omega/c^2$ (la validez de asignar en esta forma masa al fotón es discutible ya que en forma intrínseca este no tiene masa, pero hay situaciones en que ante interacciones adquiere una masa aparente como se analiza a continuación en este mismo apéndice). Si el resorte se estira de modo que se excede su capacidad elástica este se deforma, de modo que su energía potencial no está dada por la relación $kx^2/2$ y   se puede aproximar por $V'(x) = \frac{M}{2}(\omega - \gamma x^2)^2 x^2$, en que γ es una constante. En las referencias citadas se demuestra que la nueva frecuencia de oscilación es el doble de la inicial antes de la deformación y que por lo tanto la masa equivalente de cada fotón aumenta al doble.

En este apéndice presentamos un análisis que muestra cómo la interacción de fotones con un medio gaseoso ionizado hace que cada fotón adquiera una masa equivalente.

Tal como se enseña en cursos tradicionales de Física Cuántica, a diferencia de los electrones y de otras partículas elementales, los fotones no tienen masa. Sin embargo, como se demuestra en [27] bajo ciertas condiciones, el fotón se comporta como si tuviese masa. Basado en dicha referencia, en este apéndice se analiza la propagación de ondas electromagnéticas a través de un gas ionizado, demostrando que la interacción de la luz con portadores de carga aparece formalmente aportando a los fotones una masa efectiva, lo que tiene semejanza con el mecanismo de Higgs.

Consideremos la propagación de una onda electromagnética monocromática plana de frecuencia ω a través de un gas en el cual algunos de sus constituyentes están ionizados de modo que el gas a pesar de no tener carga eléctrica neta tiene conductividad eléctrica.

Si la conductividad del medio es σ, la densidad de corriente es $\vec{J} = \sigma\vec{E}$ y si la densidad promedio de carga es cero, de las ecuaciones de Maxwell se obtiene que para propagación de esta onda en la dirección z con vectores campo eléctrico y magnético en las direcciones x e y, respectivamente, estos campos satisfacen las ecuaciones

$$\frac{\partial^2}{\partial z^2} H_y + [k^2 + i\omega\mu\sigma]H_y = 0 \tag{1}$$

$$\frac{\partial^2}{z^2} E_x + [k^2 + i\omega\mu\sigma]E_x = 0 \tag{2}$$

Para $\mu = \mu_o$ y $\varepsilon = \varepsilon_o$ se tiene que $k = \omega\sqrt{\mu\varepsilon} = \omega/c$.

Cabe señalar que el hecho que en las dos ecuaciones anteriores aparezcan términos con el factor $i = \sqrt{-1}$ no debe sorprendernos, si recordamos el concepto de *fasor* usado para el análisis de circuitos eléctricos en estado estacionario y excitados por fuentes de tensión o corriente que varían senoidalmente en el tiempo con frecuencia angular ω. Aquí estamos considerando algo parecido, aunque no se trata de cantidades escalares como la tensión o a corriente, sino que se trata de cantidades que son vectores, como son el campo eléctrico y el campo magnético, cuyas magnitudes varían senoidalmente con el tiempo.

El modelo de conducción más simple fue formulado por Drude [30] y considera un cierto número n_o de electrones por unidad de volumen los que se pueden mover libremente bajo la acción de un campo eléctrico externo, pero sujetos a amortiguamiento debido a las colisiones entre las partículas del medio,

Por lo tanto la ecuación de movimiento de uno de estos electrones es

$$m\frac{d\vec{v}}{dt} + \gamma m\vec{v} = e\vec{E}(\vec{r},t)$$

, en que γ es una constante que representa el amortiguamiento que experimenta la onda electromagnética al propagarse a través de este medio. Para campos eléctricos que oscilan rápidamente el desplazamiento del electrón es pequeño comparado con la longitud de onda, de modo que el campo eléctrico se puede considerar uniforme espacialmente y la ecuación anterior se puede escribir como

$$m\frac{d\vec{v}}{dt} + \gamma m\vec{v} = e\vec{E}_o e^{-i\omega t}$$

, en que $\vec{E}_o$ es el campo eléctrico en la posición promedio del electrón.

El vector velocidad oscila con la misma frecuencia que la del campo eléctrico aplicado, por lo cual la solución es

$$\vec{v} = \frac{e}{m(\gamma - i\omega)}\vec{E}_o e^{-i\omega t}$$

En esta última expresión nuevamente aparece una cantidad compleja en el denominador. Por supuesto que la velocidad es una cantidad real y esta expresión debe interpretarse como la existencia de un desfase entre la oscilación de la velocidad con respecto a la oscilación del campo eléctrico debido a la inercia de la partícula representada por su masa.

Por lo tanto la conductividad está dada por

$$\sigma = \frac{n_o e^2}{m(\gamma - i\omega)}$$

Para ciertas situaciones tales como lo que ocurre en la ionósfera o en un plasma tenue, el factor γ se puede despreciar, con lo cual la conductividad es imaginaria

$$\sigma \approx i\frac{n_o e^2}{m\omega}$$

Insertando esta última expresión en las ecuaciones (1) y (2) obtenemos

$$\frac{\partial^2}{\partial z^2} H_y + \left[k^2 - \frac{n_o e^2 \mu_o}{m}\right] H_y = 0 \tag{3}$$

$$\frac{\partial^2}{\partial z^2} E_x + \left[k^2 - \frac{n_o e^2 \mu_o}{m}\right] E_x = 0 \tag{4}$$

Estas últimas ecuaciones indican que el número de onda efectivo para la propagación de una onda electromagnética en un medio ionizado como el que se ha considerado en este análisis es

$$K^2 = k^2 - \frac{\omega_p^2}{c^2} \tag{5}$$

, en que $\omega_p^2 = \frac{n_o e^2 \mu_o}{m}$ corresponde al cuadrado de la llamada frecuencia de plasma.

Para que exista propagación de la onda electromagnética K debe ser real, de modo que la frecuencia de la onda debe ser mayor que ω_p. En efecto, considerando que $k = \omega/c$ de la ecuación (5) se puede ver que para $\omega > \omega_p$ K es real, con lo cual hay propagación de la onda a través del medio.

La ecuación (5) puede interpretarse como la relación de dispersión de fotones que se propagan y se puede escribir como

$$\omega^2 = c^2 K^2 + \omega_p{}^2 \omega_p{}^2 \tag{6}$$

Considerando que para un fotón la energía y el momentum de un fotón están dados por $E_\gamma = \hbar\omega$ y $\vec{p}_\gamma = \hbar\vec{K}$ la ecuación anterior se puede expresar como

$$E_\gamma = \sqrt{\left(c|\vec{p}_\gamma|\right)^2 + \left(\hbar\omega_p\right)^2} \tag{7}$$

La ecuación (7) es de la forma que corresponde a la energía de una partícula relativista con una masa que se puede interpretar como $m_\gamma = \hbar\omega_p/c^2$. En efecto, con esta expresión para la masa aparente del fotón, la ecuación (7) implica que la energía de la partícula equivalente es

$$E_\gamma = \sqrt{\left(c|\vec{p}_\gamma|\right)^2 + \left(m_\gamma c^2\right)^2}$$

Considerando que para plasmas tenues la frecuencia de plasma tiene valores en el rango entre 10^7 y 10^{11} rad/seg, la masa así adquirida por el fotón tiene valores entre 10^{-41} y 10^{-37} Kg. De acuerdo a resultados experimentales la masa del fotón es menor de 10^{-52} Kg.

Referencias

[1] Bragg, William Lawrence; Ewald, Paul Peter (ed.) (1962): *"The growing power of X-ray analysis"*.

[2] Davisson, C. J., *"Are Electrons Waves?"* Franklin Institute Journal 205, 597 (1928).

[3] Raymond A. Serway, Clement J. Moses, Curt A. Moyer, *Modern Physics*, Third Edition, Thomson Brooks/Cole , Cap. 10.

[4] Paul A. Tippler, Gene Mosca, *Física para la Ciencia y la Tecnología*, sexta edición (2010), Editorial Reverté

[5] Einstein, A. (1905), *Über einen die Erzeugung und Verwandlung des Lichtes betreffenden heuristischen Gesichspunkt (Heurística de la generación y conversión de la luz)*, *Annalen der Physik* 17, 132-149

[6] Thomas Young, *The Bakerian Lecture. Experiments and Calculations relative to physical Optics,* Philosophical Transactions, Vol. 94 (1804).

[7] A. Einstein B. Podolsky, N. Rosen, *Can Quantum-Mechanical Description of Physical Reality be considered Complete?*, Phys. Rev. 47, 777 (1935).

[8] Louis de Broglie, *Recherches sur la Théorie des Quanta*, Annales de Physique (1925), extrait

[9] Davisson, C.J.; Germer, L.H. *The Scattering of Electrons by a Single Crystal of Nickel*, Nature 119, p.p. 558-560 (1927)

[10] Ramón Peralta y Fabi, *Principio de Incertidumbre de Heisenberg*, Revista Ciencia y Cultura C2, Junio 2019

https://www.revistac2.com/principio-de-incertidumbre-de-heisenberg/

[11] G.E. Giribert, *Sobre el principio de incertidumbre de Heisenberg entre tiempo y energía: una nota didáctica*, Revista Mexicana de Física E **51** (1) 23-30 (2005)

[12] Richard P. Feynman, Robert B. Leighton, M. Sands, *The Feynman Lectures on Physics-Quantum Mechanics* ,(Vol.3), Addison-Wesley 1965.

[13] David J. Griffiths and Darrell F. Schroeter, *Introduction to Quantum Mechanics*, 3rd ed., (Cambridge University Press, New York, NY, 2018).

[14] B. Friedrich, D. Herschbach (2003),*"Stern and Gerlach: How a Bad Cigar Helped Reorient Atomic Physics"*, Physics Today 56 (12)]

[15] Charles Kittel, *Introducción a la Física del Estado Sólido*, tercera edición, Editorial Reverté, 2003

[16] Leonard Susskind , Art Friedman, *Quantum Mechanics. The Theoretical Minimum*, Basic Books, 2014.

[17] Jean_Marc Lévy-Leblond, Francoise Balibar, *Quantics: Rudiments of Quantun Physics,* North-Holland, 1990

 [18] Charles H. Bennett, Gilles Brassard, Claude Crépeau, Richard Jozsa, Asher Peres, and William K. Wootters, *Teleporting an unknown quantum state via dual classical and Einstein-Podolsky-Rosen channels*, Phys. Rev. Lett. **70**, 1895 – Published 29 March 1993

[19] Graciela B. Gelmini, *El Bosón de Higgs*, revista Ciencia e Investigación de la Asociación Argentina para el Progreso de las Ciencias Tomo 64 No3 – 2014, junio de 2014

[20] Jonás Valencia Carrillo, Jorge A. Bernal Arroyo, *Un modelo didáctico para comprender el bosón de Higgs como parte del modelo estándar de partículas elementales*, Ciencia Ergo Sum, vol. 23, núm. 2, julio-octubre, 2016, pp. 163-170 Universidad Autónoma del Estado de México Toluca, México

[21] J. Castromonte S., *El bosón de Higgs ya fue descubierto y ¿qué viene?*, Acta Herediana Vol. 60, abril - setiembre 2017.

[22] R. Hedrich, *Quantum Gravity: Has Spacetime Quantum Properties?*, arXiv:0902 0190 [qr-qc],2009

[23] Stephen S. Gubser, *The Little Book of String Theory*, Princeton University Press, STU-Student edition (2010)

[24] Lee Smolin, *Atoms of Space and Time (2003)*, Scientific American 66, http://www.sciam.com/

[25] E. Schrödinger, *An Undulatory Theory of the Mechanics of Atoms and Molecules*, The Physical Review 28, Vol.28m No. 6, Decembre 1926

[26] David W. Ward, Sabine M. Volkmer, *How to derive the Schröedinger equation*, https://arxiv.org/abs/physics/0610121

[27] P. Robles, F.Claro, *Can There Be Massive Photons? A Pedagogical Glance at the Origin of Mass*, European Journal of Physics, v33 n5 p1217-1226 ,Sep 2012

[28] David Terán, *Introducción a la Computación Cuántica para Ingenieros*, editorial Alfaomega,2024, México.

[29] C. Miguel Barriuso Gutiérrez Carlos Gutiérrez Albarrán, Cecilia Herrero Guillén, Álvaro Lens Vicente, *Introducción a la Computación Cuántica*, 2018, www.academia.edu

[30] G.F. Bohren, D.R. Huffman, *Absorption and Scattering of Light by Small Particles*, page 251 (Wiley, New York, 1983)